Band 14 Prävention, Rehabilitation, Geriatrie

Herausgegeben von
A. Hüter-Becker

Bearbeitet von
H. Dorner, W. Knörzer, W. Schreiber, Chr. Schütz, J. D. Summa,
S. Woeckel

13 Abbildungen
9 Tabellen

1997
Georg Thieme Verlag
Stuttgart · New York

Die Deutsche Bibliothek –
CIP-Einheitsaufnahme

Physiotherapie : Taschenlehrbuch in
14 Bänden / hrsg. von A. Hüter-Becker ... –
Stuttgart ; New York : Thieme.
NE: Hüter-Becker, Antje [Hrsg.]

Bd. 14. Prävention, Rehabilitation, Geriatrie
: Tabellen / bearb. von H. Dorner ... – 1997
NE: Dorner, Heinrich

Printed in Germany

Satz und Druck:
Druckhaus Götz GmbH, Ludwigsburg
Gesetzt auf CCS Textline (Linotronic 630)

ISBN 3-13-101391-5 1 2 3 4 5 6

Umschlaggestaltung:
Matthias Winkler, Thun/Schweiz

Wichtiger Hinweis: Wie jede Wissenschaft ist die Medizin ständigen Entwicklungen unterworfen. Forschung und klinische Erfahrung erweitern unsere Erkenntnisse, insbesondere was Behandlung und medikamentöse Therapie anbelangt. Soweit in diesem Werk eine Dosierung oder eine Applikation erwähnt wird, darf der Leser zwar darauf vertrauen, daß Autoren, Herausgeber und Verlag große Sorgfalt darauf verwandt haben, daß diese Angabe **dem Wissensstand bei Fertigstellung des Werkes** entspricht.

Für Angaben über Dosierungsanweisungen und Applikationsformen kann vom Verlag jedoch keine Gewähr übernommen werden. **Jeder Benutzer ist angehalten,** durch sorgfältige Prüfung der Beipackzettel der verwendeten Präparate und gegebenenfalls nach Konsultation eines Spezialisten festzustellen, ob die dort gegebene Empfehlung für Dosierungen oder die Beachtung von Kontraindikationen gegenüber der Angabe in diesem Buch abweicht. Eine solche Prüfung ist besonders wichtig bei selten verwendeten Präparaten oder solchen, die neu auf den Markt gebracht worden sind. **Jede Dosierung oder Applikation erfolgt auf eigene Gefahr des Benutzers.** Autoren und Verlag appellieren an jeden Benutzer, ihm etwa auffallende Ungenauigkeiten dem Verlag mitzuteilen.

Weitere Bände

Band 1	Biomechanik, Ergonomie, Arbeitsmedizin
Band 2	Physiologie, Trainingslehre
Band 3	Psychologie, Pädagogik, Soziologie, Berufslehre, Wissenschaftliches Arbeiten, Geschichte
Band 4	Untersuchungs- und Behandlungstechniken
Band 5	Praxis der physikalischen Therapie
Band 6	Massage, Gruppenbehandlung, Hygiene, Erste Hilfe, Verbandtechnik, Allgemeine Krankheitslehre
Band 7	Orthopädie
Band 8	Chirurgie, Frauenheilkunde
Band 9	Traumatologie, Querschnittlähmungen
Band 10	Innere Medizin
Band 11	Neurologie, Psychiatrie
Band 12	Pädiatrie, Neuropädiatrie
Band 13	Sportmedizin

Anschriften

Dorner, Heinrich, Dr. med., Klinikum Nord, Flurstr. 17, 90419 Nürnberg

Heipertz, Wolfgang, Prof. Dr. med., (Universität Frankfurt), Mozartstr. 18, 65779 Kelkheim

Hüter-Becker, Antje, Hollmuthstr. 20, 69151 Neckargemünd

Knörzer, Wolfgang, Dr., Große Mantelgasse 3, 69117 Heidelberg

Schreiber, Wilfried, Dr., Dritte Rheinstr. 20, 68775 Ketsch/Rhein

Schewe, Heidrun, Dr., Franklinstr. 21, 10587 Berlin

Schütz, Christel, Klinikum Nord, Flurstr. 17, 90419 Nürnberg

Summa, Jörg-Dieter, Dr. med., Klinikum Nord, Institut für Gerontologie, Heimerichstr. 58, 90419 Nürnberg

Woeckel, Susanne, Zerzabelshofstr. 76, 90480 Nürnberg

Vorwort der Herausgeber zum Gesamtwerk

1959 wurde das Lehrbuch der Krankengymnastik erstmals von Lindemann, Teirich-Leube und Heipertz herausgegeben, ein damals vierbändiges Werk, das vielen Schülern und Lehrern eine wertvolle Lern- und Unterrichtshilfe war.

1979 wurde das Konzept erneuert: Aus vier gebundenen Bänden wurden elf Taschenbücher mit neuen Autoren und erweiterten Inhalten. In der Nachfolge von Lindemann war H. Cotta Herausgeber und mit ihm W. Heipertz – spiritus rector der Erstausgabe – sowie A. Hüter-Becker und G. Rompe. Auch dieses Lehrbuchkonzept hat sich über viele Jahre mit mehrfachen Aktualisierungen der Einzelbeiträge bewährt.

1994 ist das neue Gesetz über die Berufe in der Physiotherapie verabschiedet worden und ebenfalls eine neue Ausbildungs- und Prüfungsverordnung für Physiotherapeuten, die jetzt gesetzlich geschützte Berufsbezeichnung der bisherigen Krankengymnasten. Der Lehrgang in der Physiotherapie dauert nun drei Jahre, die Ausbildungsinhalte wurden dem erweiterten Spektrum und der gewachsenen Kompetenz des Berufsbildes angepaßt. Diese strukturelle und inhaltliche Neugliederung der Ausbildung war Anlaß, auch die Lehrbuchreihe völlig neu zu konzipieren:

Die wissenschaftlichen Grundlagenbeiträge wurden ergänzt durch die neuen Ausbildungsfächer Pädagogik, Soziologie, Einführung in wissenschaftliches Arbeiten, Rehabilitation, Prävention, Sportmedizin und Arbeitsmedizin. In die klinischen Fächer wurde die Geriatrie eingefügt; die krankengymnastischen Behandlungstechniken wurden erweitert. Der Umfang der Lehrbuchreihe ist auf vierzehn Bände gewachsen, die in einem zeitgemäßen Layout erscheinen.

Dieses neue Konzept wird verantwortet von einer Physiotherapeutin/Krankengymnastin – A. Hüter-Becker – sowie Prof. Dr. med. W. Heipertz und einer Expertin für Bewegung und Bewegungskontrolle – Dr. H. Schewe – als Herausgeber der Gesamtreihe. Die Einzelbände werden zusätzlich von Bandherausgebern betreut: bei überwiegend krankengymnastischen Inhalten von Physiotherapeuten, bei überwiegend medizinischen Inhalten von Ärzten.

Die jetzt ausgeschiedenen Herausgeber des Taschenlehrbuches Krankengymnastik, H. Cotta und G. Rompe, haben über Jahrzehnte mit ihrer über die Grenzen Deutschlands hinaus anerkannten Fachkompetenz dem Lehrbuch der Krankengymnastik Geltung verschafft und dazu beigetragen, es als Standardwerk zu etablieren. Sie haben sich mit diesem Engagement um die Krankengymnastik verdient gemacht.

Auch dieses neue Lehrbuchkonzept lebt vom Austausch zwischen Herausgebern, Autoren und Lesern, zu dem wir Schüler und Lehrer der Physiotherapie ausdrücklich ermutigen wollen. Wir sind dankbar für alle Vorschläge, die dazu beitragen, diese Lehrbücher den Erwartungen derer, für die sie geschrieben wurden, anzugleichen, damit sie eine optimale Lern- und Arbeitshilfe werden.

Heidelberg, Berlin, Frankfurt, März 1996

Antje Hüter-Becker
Heidrun Schewe
Wolfgang Heipertz

Vorwort

Prävention liegt im Trend. Seit die Kosten für Therapie und Rehabilitation die zumutbare Grenze der finanziellen Belastung der Beitragszahler erreicht haben, sollen Präventionsangebote das Gesundheitsbewußtsein und gesundheitsfördernde Verhalten der Bevölkerung verbessern, um Kosten zu senken. Für Physiotherapeuten ist Prävention kein Neuland; der präventive Aspekt – vor allem der Bewegungstherapie – hat bei ihren Behandlungsmaßnahmen schon immer eine Rolle gespielt. Neu aber ist die Prävention als Ausbildungsfach, deshalb auch in diesem Lehrbuch mit einem Beitrag vertreten. Dabei geht es in erster Linie um die theoretischen Grundlagen der Prävention, um die Einteilung in Primär-, Sekundär- und Tertiärprävention und um die kritische Wertung von Präventionsmodellen zur Verhaltensmodifikation.

Auch im Beitrag Rehabilitation steht nicht das praktische Handeln des Physiotherapeuten im Vordergrund der Darstellung, weil – ebenso wie der präventive Gedanke – auch der rehabilitative Aspekt der Physiotherapie in allen klinischen Fachgebieten bedeutsam ist. Beide Aspekte müssen sowohl bei der Vermittlung von physiotherapeutischen Behandlungstechniken als auch bei der praktischen Ausbildung am Patienten immer wieder besonders betont werden. In diesem Beitrag zur Rehabilitation werden der theoretische Unterbau und der gesetzliche Rahmen beschrieben, in dem behinderte Kinder, Jugendliche und Erwachsene zu einem weitestgehend selbstbestimmten Leben in Familie, Schule, Beruf und Freizeit zurückgeführt werden.

Weit über die Hälfte der von Physiotherapeuten behandelten Patienten sind schon heute über 65 Jahre alt, die demographische Entwicklung bringt es mit sich, daß die Zahl der betagten und hochbetagten Kranken weiter steigen wird. Physiotherapeuten müssen also mit den Charakteristika des alternden Organismus vertraut sein, um ihre Behandlung schonend diesen Veränderungen anzupassen. Der Beitrag Geriatrie soll deutlich machen, was Physiotherapie für „gesunde, alte Menschen“ leisten kann, und er beschreibt die häufigsten „Alterskrankheiten“. Bei der physiotherapeutischen Behandlung liegt der Schwerpunkt der Darstellung auf der Gruppentherapie in der Geriatrie, weil die Richtlinien der Einzelbehandlung aus der Inneren Medizin, der Neurologie oder auch Orthopädie/Chirurgie übertragen werden können.

Heidelberg, im Februar 1997 Antje Hüter-Becker

Inhaltsverzeichnis

1 Prävention
Wolfgang Knörzer

1.1 Prävention und Gesundheitsförderung ··· *1*
1.1.1 Historische Streiflichter ··· *1*
1.1.2 Prävention ··· *4*
Abschreckungskonzept ··· *6*
Aufklärungskonzept ··· *6*
Risikofaktorenkonzept ··· *7*
1.1.3 Gesundheitsförderung ··· *10*
1.1.4 Qualitätssicherung in Prävention und Gesundheitsförderung ··· *14*

2 Rehabilitation
Wilfried Schreiber

2.1 Einführung ··· *17*
2.2 Zur Definition des Begriffs „Rehabilitation" ··· *19*
2.3 Ziele der Rehabilitation ··· *20*
2.4 Allgemeine Orientierungen in der Rehabilitation ··· *22*
2.5 Psychische Prozesse bei chronisch Kranken oder Behinderten ··· *28*
2.6 Schwerbehinderung und Rehabilitation ··· *32*
2.7 Art und Umfang von Leistungen zur Rehabilitation aus Mitteln der Sozialversicherungen ··· *34*
2.8 Pflegeversicherung und Rehabilitation ··· *44*
2.9 Informationen über die Rehabilitation ··· *47*
2.10 Maßnahmen zur Rehabilitation und Einrichtungen zu ihrer Durchführung ··· *48*
2.10.1 Medizinische Rehabilitation ··· *48*
2.10.2 Schulische Rehabilitation ··· *55*
2.10.3 Berufliche Rehabilitation ··· *59*
2.10.4 Selbsthilfegruppen und Selbsthilfeeinrichtungen ··· *65*

2.11 Zur individuellen finanziellen Absicherung des Teilnehmers an Rehabilitationsmaßnahmen ··· 67
2.12 Rehabilitationserfolg ··· 67
2.13 Weiterentwicklung der Rehabilitation ··· 69

3 Geriatrie

3.1 Biologische Grundlagen des Alterns ··· 77
H. Dorner
3.1.1 Alternstheorien ··· 77
3.1.2 Physiologische Alternsveränderungen ··· 78
ZNS ··· 78
Herz-Kreislauf-System ··· 82
Lunge ··· 84
Skelettmuskulatur ··· 87
Knochen ··· 89
Gelenke ··· 92
Leber, Milz und Niere ··· 93
Immunsystem ··· 94
3.1.3 Psychische Aspekte des Alterns ··· 96
3.1.4 Leistungsfähigkeit und Belastbarkeit im Alter ··· 97
3.2 Der gesunde alte Mensch ··· 102
C. Schütz
3.2.1 Ziele und Maßnahmen für die physiotherapeutische Betreuung „gesunder" alter Menschen in Alteneinrichtungen ··· 104
Ziele ··· 104
Maßnahmen ··· 105
3.2.2 Physiotherapeutische Gruppenarbeit mit alten Menschen ··· 107
Voraussetzungen für die Gruppenarbeit mit alten Menschen ··· 107
Vorbereitungen ··· 108
Übungsinhalte ··· 109
Aufbau einer Gruppengymnastik ··· 109
Ergänzende Hinweise ··· 111
3.3 Der kranke alte Mensch ··· 112
J.-D. Summa
3.3.1 Im Alter gehäuft auftretende Krankheiten ··· 112
3.3.2 Alterstypische Komplikationen bei akuten oder chronischen Krankheiten ··· 129
3.3.3 Ausgewählte Gesundheitsstörungen im Alter ··· 134

3.3.4 Gerontopsychiatrische Aspekte ··· *141*
3.4 Der kranke alte Mensch – Gesichtspunkte der Behandlung ··· *144*
S. Woeckel
3.4.1 Abstimmen der physiotherapeutischen Arbeit mit den Besonderheiten/Charakteristika des alten Menschen ··· *144*
3.4.2 Veränderungen ··· *145*
Atmung ··· *145*
Herz-Kreislauf ··· *145*
Gefäße ··· *146*
Stütz- und Bewegungssystem ··· *146*
3.4.3 Übungsvermittlung ··· *147*
3.4.4 Belastbarkeit ··· *148*
3.4.5 Dauer/Intensität/Behandlungserfolg ··· *149*
3.4.6 Zielsetzung ··· *149*
3.4.7 Motivation ··· *151*
Gespräch ··· *151*
Therapie ··· *151*
Beispiel für eine Gruppenstunde ··· *154*
3.4.8 Kommunikation ··· *154*
3.4.9 Das therapeutische Team ··· *158*
Physikalische Therapie ··· *158*
Stationäre Therapie ··· *159*
3.4.10 Resümee ··· *160*

Literatur ··· *160*

Sachverzeichnis ··· *166*

1 Prävention

W. Knörzer

1.1 Prävention und Gesundheitsförderung

In diesem Beitrag wird der Versuch unternommen, den aktuellen Stand der Diskussion zur Prävention und Gesundheitsförderung zu umreißen. Ausgegangen wird dabei von einem kurzen historischen Rückblick, in dem gezeigt wird, daß der Gedanke der Krankheitsverhütung und Erziehung zu einer gesunden Lebensweise sich bereits in verschiedenen Epochen der europäischen Tradition des Gesundheitswesens findet. Eine Darstellung des Konzeptes der Prävention wird ergänzt durch die Beschreibung des Modells der Gesundheitsförderung. Praktische Beispiele verdeutlichen dabei die theoretischen Erläuterungen.

1.1.1 Historische Streiflichter

Ein Blick auf die Geschichte zeigt, daß sich im Rahmen der europäischen Tradition der Entwicklung des medizinischen Heilwesens das Bemühen um eine gesunde Lebensführung immer wieder findet. Zwei Beispiele aus unterschiedlichen Zeitepochen sollen dies belegen. Die Antike ist für die Entwicklung des gesamten europäischen Gesundheitswesens eine bestimmende Kraft. Zwischen ca. 500 v. Chr. und 300 n. Chr. erlebte ein Konzept seinen Höhepunkt, das noch bis in die erste Hälfte des 19. Jahrhunderts hinein das abendländische Denken beeinflußte. Zwischen Mensch und Natur bzw. Mensch und Umwelt besteht für die Griechen eine direkte Abhängigkeit. Ohne die genaue Kenntnis dieses ganzheitlichen Zusammenhangs sind auch die Prozesse von Gesundheit, Krankheit und Heilung nicht zu verstehen. Der philosophisch gebildete Heilkundige erscheint deshalb überall als eine Person, die den Teil nie losgelöst vom Ganzen, sondern stets in seiner Wechselwirkung und seinen Zusammenhängen betrachtet.

Das Gesundheitsverständnis geht damit weit über die Vorstellung des „leiblichen Wohlbefindens“ hinaus, es wird zur „natürlichen Form“, zum „natürlichen Maß“ für Individuum und Gesellschaft, wobei die Idee der Mischung der „Säfte“ eine zentrale Rolle einnimmt. Der „guten Mischung“ (Eukrasia) steht die „schlechte“ und „falsche Mischung“ (Diskrasia) gegenüber. In erster Linie sind es die vier „Säfte“, die die verschiedenen Nuancen von Gesundheit und Krankheit bestimmen. Von mindestens gleichrangiger Bedeutung sind auch die mit diesen „Säften" verbundenen Qualitäten (Temperies) von warm und kalt, feucht und trokken.

Anknüpfend an diese Vorstellungen nimmt vor allem Galenos von Pergamon (129 – 199) einige wesentliche Erweiterungen und Präzisierungen vor, wobei er eine umfassende „Theorie der Gesundheit" entwirft.

Als Axiom postuliert er, daß alle Erscheinungen, auch Krankheiten, in der Natur und im Menschen sinnvoll und notwendig sind. Nur ist es im Umgang mit ihnen wichtig, ihren jeweiligen Nutzen zu erkennen bzw. sie richtig zu interpretieren.

Unter Heilung wird im wesentlichen die Wiederherstellung der „harmonischen Säftemischung" im Körper verstanden. Allerdings geht es dabei nicht nur um Heilung von außen, sondern auch um eine bestimmte Form der „Selbstheilung", d.h. der einzelne soll zur sensiblen Selbstwahrnehmung und -beobachtung erzogen werden, indem er jede Form der „Befindlichkeitsstörung" frühzeitig wahrzunehmen und durch die Veränderung seiner Lebensweise entsprechend gegenzusteuern lernt. Als wesentliche Interventionsmaßnahmen können dabei vom Laien Ernährung und Bewegung und bis zu einem gewissen Grade auch Traumdeutung und -analyse eingesetzt werden.

Anleitung zur praktischen Umsetzung gibt hierzu die „Diaita", die „Regelung zur Lebensordnung". Sie umfaßt die gesamte Lebensweise des Menschen, insbesondere die Ernährung und Bewegung. Entsprechend kann als zentraler Ort, an dem Gesundheitsbildung lebendig war, das Gymnasion betrachtet werden, das jeder gesunde Mann zweimal am Tag zu den Vormittags- und Nachmittagsübungen aufsuchen sollte. Allerdings wird schon daran deutlich, daß eine solche Lebensweise nur einer kleinen, reichen Oberschicht (der Aristokratie) möglich war, während die niederen Volksschichten davon ausgeschlossen waren (vgl. Haug 1991).

Das Denken der Antike beeinflußte immer wieder Konzepte der Gesunderhaltung bis ins beginnende 19. Jahrhundert. Erst mit der Etablierung naturwissenschaftlichen Denkens in der Medizin gewann diese ein stark verändertes Erscheinungsbild. Durch die Entdeckung der Zelle als kleinstem Baustein des Organismus und der Erkenntnis über krankmachende Mikroorganismen geht der Blick der Naturwissenschaft weg von der Betrachtung des Ganzen hin zum Detail. Alle Lebensvorgänge werden im Prinzip als physikalisch-chemische Prozesse betrachtet, deren Funktionieren auf genau abgrenzbaren Mechanismen von Zellen und Molekülen basiert. Das Prinzip der Kausalität erklärt alle Lebensvorgänge aufgrund von Ursache-Wirkungs-Verhältnissen. Somit wird der

Mensch als ein bis in kleinste Zellen analysierbares Gebilde betrachtet. Entsprechend diesem Menschenbild beschränkten sich gesundheitserzieherische Bemühungen hauptsächlich auf die Vermittlung von biomedizinischem Hygienefachwissen (Volkshygiene und Seuchenbekämpfung). Über das Instrument der Massenaufklärung wird die Krankheitsverhütung in den Mittelpunkt der Bemühungen gestellt.

Neben dieser am naturwissenschaftlichen Welt- und Menschenbild orientierten Richtung entwickelte sich ab Mitte des 19. Jahrhunderts die „volksbildnerische Lebensreformbewegung“ als eine Art Gegenpol. Statt distanzierter analytischer Naturbeobachtung fordert sie unter der Maxime „zurück zur Natur“, daß der Mensch sich wieder als Teil dieser Natur erlebt und ein Leben in Einklang mit der Natur anstrebt. Ein Kennzeichen der lebensreformerischen Konzeption ist ihr ausgeprägter Volks- und Laiencharakter als Gegenposition zur offiziellen schulmedizinischen Hygiene. Dieser Ansatz ist Ausdruck einer vielschichtigen „Bewegung“, die nicht nur auf das Verhalten des einzelnen, sondern insbesondere auf das Gemeinwesen und die gesellschaftlichen Verhältnisse „reformerisch“ einwirken will. Da die „Natur“ in ihrer Unverbildetheit der Inbegriff für Harmonie, Schönheit und Vollendung ist, muß der Mensch – will er sein „Heil“ und „Glück“ (wieder)finden – zurück zur „Natürlichkeit“, zum Leben in Einklang mit ihr streben. Eine besondere Verbindung stellt die allen Organismen innewohnende „Lebenskraft“ dar.

In der ersten Hälfte des 19. Jahrhunderts entwickelt sich eine „volksbildnerische Lebensreformbewegung“, die bis ins 20. Jahrhundert hinein zu gewaltiger Breite und Vielfalt heranwächst. In ihr vereinigen sich die Anhänger von Freikörper-, Licht-, Luft- und Nacktkultur bis zur Schrebergarteninitiative, von Natur- und Tierschutzorganisationen bis zur Pfadfinderbewegung.

Das Thema „Lebenskraft“ durchzieht die gesamte Reformbewegung. Als einer der grundlegenden Theoretiker dieses Phänomens gilt Christoph Wilhelm Hufeland (1762–1836). Auf der Basis seines biodynamischen Lebenskraftkonzepts behandelt er die Beziehung zwischen Lebenskraft und Lebensdauer, zwischen Krankheit und Gesundheit und ihre Konsequenzen für den Heilungs- und Gesundungsprozeß. Für Hufeland ist Krankheit nichts anderes als die Reaktion dieser Lebenskraft auf bestimmte äußere und innere Reize, die solange anhält, wie der Reiz selbst, oder bis das Gleichgewicht wieder hergestellt ist. Unter Heilung versteht er den „reaktiven Prozeß“ der Lebenskraft.

Aus der Naturalismusbewegung im Gesundheits- und Erziehungswesen erwächst zunehmend eine Kulturbewegung, die Gesundheit nicht mehr nur über individuell-symptomatische Intervention erreichbar sieht, sondern den Weg zur dauerhaften Gesundheit nur in einer Reform des

Lebens- und Gesellschaftssystems erblickt. Das Kriterium „gesund“ verliert dabei seinen individuumsbezogenen Charakter und wird auf nahezu alle Lebensbereiche ausgedehnt.

Die Ausführungen über Gesundheit, Krankheit und Heilung zeigen bereits, wie stark Naturheilbewegung und Lebensreform pädagogisch sowie primärpräventiv orientiert sind und durch die Einbeziehung der gesamtgesellschaftlichen Sicht bereits Gedanken moderner Gesundheitsförderung vorwegnehmen. Zur Erreichung der Ziele sind pädagogische Prinzipien unerläßlich, da nicht nur „gute Ratschläge“ erteilt werden sollen, sondern aktives Handeln notwendig ist. Neben der pädagogischen Orientierung an „Selbstbildung“, „Selbsthilfe“ und „Mündigkeit“ in „gesundheitlichen Belangen“ wird hier besonderer Wert auf die Erziehung durch das Vorbild, „Vorleben“ und durch eigenes aktives, praktisches Erfahren, Erleben und Erproben gelegt.

Die in der Weltsicht der Lebensreformer Tätigen verstehen sich als „Gesundheitslehrer“. Ihr Ziel ist es, dem Kranken wie dem Gesunden den Weg zur guten Gesundheit zu zeigen. So bezeichnet etwa Kneipp sein Buch „So sollt ihr leben“ ausdrücklich als „Selbsthilfe-Buch“ für Laien. Da es sich an Gesunde und Kranke gleichermaßen wendet, gliedert er es in zwei Teile, wobei der erste primärpräventiv ausgerichtet ist, während der zweite Ratschläge und Handlungsanweisungen bei bestehender Krankheit gibt. Insgesamt ist Kneipps pädagogische Wirkung enorm: er kann als Begründer einer Selbsthilfebewegung betrachtet werden, die bis heute anhält. Pädagogisch bedeutsam ist dabei, daß seine Methoden nicht nur einfach sind, sondern auch für alle Altersgruppen und nahezu bei allen Befindlichkeitsstörungen schnell, wirksam und ohne großen Aufwand angewendet werden können.

Obwohl die Lebensreformbewegung bis heute in die Gesundheitsbildung, etwa in den Kneippvereinen, hineinwirkt, kann sie, mit ihren Wurzeln im 19. Jahrhundert, eher als historischer ganzheitlicher Ansatz betrachtet werden. Die aktuelle Diskussion um Prävention und Gesundheitsförderung begann erst nach dem Zweiten Weltkrieg, mit der Gründung der Weltgesundheitsorganisation (WHO), Formen anzunehmen.

1.1.2 Prävention

Maßgeblich bedingt wurden die Bemühungen um eine wirkungsvolle Krankheitsprävention durch die Verschiebung der Krankheitsbilder in den Industrieländern. Waren es im 19. Jahrhundert noch vor allem Infektionskrankheiten, die die größte gesundheitliche Bedrohung der Bevölkerung darstellten, so nahmen im 20. Jahrhundert diese Gefährdungen mit den Fortschritten der Medizin und dem öffentlichen Hygienewesen mehr und mehr ab. Stattdessen zeigten sich im großen Maß neue

Krankheitsbilder, deren Ursachen im Gegensatz zu den Infektionskrankheiten nicht mehr eindeutig bestimmbar waren. Die Ursachen für diese neuen Krankheitsbilder wurden vor allem in Bedingungen der modernen Lebensweise gesehen, entsprechend wurde dann auch der Sammelbegriff „Zivilisationskrankheiten" für diese Krankheitsbilder geprägt. Das Forschungsinteresse richtete sich nun auf die Frage, welche Faktoren das Risiko erhöhen, an solchen Zivilisationskrankheiten zu erkranken. Spätestens seit Ende der 60er Jahre war wissenschaftlich eindeutig nachgewiesen, daß Rauchen, zu viel an Salz, Fett, Kalorien und Alkohol sowie eine unausgeglichene körperliche und seelische Belastung die arteriosklerotisch bedingten Krankheiten Herzinfarkt, Schlaganfall und periphere Durchblutungsstörungen mitverursachen (vgl. Nüssel 1994, S. 72 ff.). Deutlich wurde auch, daß diese Komponenten des Risikoverhaltens zur Entstehung von Bluthochdruck, Hypercholesterinämie, Diabetes mellitus und Hyperurikämie beitragen, die wiederum am Entstehungsprozeß der Arteriosklerose und ihrer Folgekrankheiten massiv mitwirken. In den Industrieländern sind ca. 50% der Todesfälle herzkreislaufbedingt. Es folgen mit ca. 20% die Krebstodesfälle. Auch diese lassen sich zu fast 70% auf eine falsche Ernährung sowie auf Rauchen und Alkoholkonsum zurückführen. Somit sind dies die gleichen Faktoren, die in hohem Maße an der Herz-Kreislauf-Mortalität ursächlich beteiligt sind. Körperliche Inaktivität und seelische Unausgeglichenheit spielen bei der Entstehung der genannten Krankheitsgruppen ebenfalls eine wichtige Rolle, wobei die kausale Verknüpfung von körperlicher Inaktivität und Herz-Kreislauf-Erkrankungen eindeutig wissenschaftlich belegt ist. Der direkte Zusammenhang von seelischer Unausgeglichenheit zu den genannten Krankheiten ist zwar noch nicht wissenschaftlich eindeutig bewiesen, sicher ist jedoch, daß sie zu der Entstehung der übrigen sechs Komponenten des Risikoverhaltens wesentlich beiträgt.

Aufgabe der Prävention ist es nun, die genannten Komponenten des Risikoverhaltens zu verhüten bzw. abzubauen. Prävention dient also der Verhütung eines befürchteten Zustandes. Nüssel (1994, S. 74/75) sieht die Prävention als gesamtgesellschaftliche Aufgabe und geht davon aus, daß jede soziale Gruppierung unserer Gesellschaft ihren Beitrag zur Prävention leisten kann und soll. Daher muß die Definition des Begriffes Prävention für jedermann leicht verständlich sein. Er sieht dies bei einer Differenzierung zwischen primärer und sekundärer Prävention gewährleistet, nicht aber bei der Unterscheidung zwischen primärer, sekundärer und tertiärer Prävention. Er hält die Dreiteilung daher heute für nicht mehr zeitgemäß und definiert (S. 74):

- „Die primäre Prävention gilt der Verhütung eines erstmalig auftretenden Zustandes."
- „Die sekundäre Prävention wendet sich gegen das erneute Auftreten eines Zustandes."

Beiden gemeinsam ist die Annahme, daß bestimmte Verhaltensweisen Hauptursachen für die Zunahme der Erkrankungen an den sogenannten Zivilisationskrankheiten sind und daß durch eine Veränderung dieser Verhaltensweisen Erkrankungen vermieden werden können und somit Gesundheit im Sinne von Freisein von Erkrankungen erreicht werden kann. Aufgabe jeglicher präventiver Maßnahmen ist es, nach der Diagnose der krankheitsverursachenden Faktoren darauf hinzuwirken, das risikobesetzte Verhalten zu ändern. Dies wurde und wird mit unterschiedlichen Konzepten versucht. Die wichtigsten Konzepte sollen hier kurz dargestellt werden (vgl. Steack 1990):

•••• Abschreckungskonzept

Das Prinzip dieser Vorgehensweise besteht darin, die negativen Folgen gesundheitswidrigen Verhaltens darzustellen und damit Furcht, Ängste und Schuldgefühle zu erzeugen. So wird z. B. das schockierende Bild eines jugendlichen Drogentoten gezeigt, um vor dem Drogenkonsum zu warnen, oder es wird ein nekrotisch schwarzes Raucherbein abgebildet, um auf die gesundheitlichen Gefahren des Rauchens hinzuweisen.

Diese Strategie hat sich als wenig erfolgreich erwiesen, es werden allenfalls kurzfristige Verhaltensänderungen bewirkt. Häufig bewirkt diese Strategie auch bei den Adressaten in einer Art Abwehrreaktion eine Bagatellisierung der tatsächlichen Gefahren. Bei Kindern und Jugendlichen kommt hinzu, daß die abschreckenden Inhalte kaum Bedeutung für sie haben, da sie diese aufgrund ihrer Ich-Ferne nicht auf sich selbst beziehen.

•••• Aufklärungskonzept

Dieses Konzept ist streng kognitiv ausgerichtet. Auf der Basis möglichst objektiver und emotionsfrei vorgetragener Fakten über bestimmtes Fehlverhalten (z. B. zu wenig Bewegung) sollen die Adressaten kognitiv angesprochen und überzeugt werden. Die präventiven Maßnahmen reduzieren sich dabei allzu häufig auf eine „gesundheitliche Volksbelehrung“ bzw. auf eine „Pädagogik des erhobenen Zeigefingers“.

Das Aufklärungskonzept knüpft an die traditionellen Methoden und Muster der schulischen Erziehung und der gesundheitlichen Volksbelehrung an, bei der der Trias der Prävention (Informationsvermittlung – Einstellungsveränderung – Verhaltensänderung) ein hoher Stellenwert eingeräumt wird. Die Aufnahme und Anhäufung von Wissen bietet jedoch für sich allein noch keine Gewähr für eine entsprechende Einstellungsänderung. Die sogenannte KAP-Formel des Lernens, knowledge (Wissen) – attitude (Einstellung) – performance (Verhaltensänderung), die mit dem Aufklärungskonzept verknüpft ist, gilt aus heutiger Sicht als widerlegt.

•••• Risikofaktorenkonzept

Das Konzept der Risikofaktoren zielt darauf ab, Risikobewußtsein bei den Adressaten zu schärfen und über diese Schiene bei ihnen eine ichnahe Einstellung zur Gesundheit herbeizuführen, die sie für ein präventives gesundheitliches Verhalten motivieren soll. Unter Risikofaktoren werden in diesem Zusammenhang solche Faktoren verstanden, die das Eintreten eines bestimmten Krankheitszustandes begünstigen. Im Mittelpunkt dieser präventiven Akzentsetzung stehen insbesondere die zivilisationsbedingten und häufig „selbstverschuldeten" Risikofaktoren, die sich vor allem in physiologischen, aber auch psychischen und sozialen Daten dokumentieren. Als die 7 Hauptrisikofaktoren werden angesehen: Bewegungsmangel, Fehlernährung, Übergewicht, Bluthochdruck, erhöhte Blutfettwerte (Cholesterin), erhöhte Blutzuckerwerte (Diabetes), Streß.

Über die vier Stufen:
1. Gewahrwerden der Risiken,
2. Realitätsnähe der Risiken,
3. Persönliche Relevanz der Risiken,
4. Interventionsmöglichkeiten gegenüber den Risiken

soll schrittweise die Motivationsbereitschaft für eine risikofaktorenvermindernde und damit präventive gesundheitsfördernde Lebensweise erhöht werden.

Während das Abschreckungs- und das Aufklärungskonzept heute an Bedeutung verloren haben, hat das Risikofaktorenmodell nach wie vor in Präventionsprogrammen eine große Bedeutung. Verschiedene Untersuchungen haben nun aber gezeigt, daß Präventionsmaßnahmen, die nach diesem Konzept durchgeführt wurden, längerfristig nicht die gewünschten Erfolge hatten. Dies liegt unter anderem auch daran, daß eine gesundheitsbewußte Lebensweise, wie sie vom Risikofaktorenkonzept dargestellt wird, vielfach gleichbedeutend betrachtet wird mit Verzicht, Selbstbeschränkung, Disziplin und striktem Befolgen von Regeln. Eine solche gesundheitsbewußte Lebensweise angesichts der vielzähligen Gefahrenquellen und Risiken für unsere Gesundheit stellt häufig eine Überforderung des einzelnen dar. Daraus resultieren wiederum Widerstände gegen subjekt- und lebensweltfremde Formen gesundheitlicher Aufklärung. Die innere Logik dieser Widerstände ist oft zwingend und unhintergehbar, gerade auch, weil viele dieser gesundheitsaufklärerischen Bemühungen den versteckten „Gewinn" von gesundheitsschädigendem Verhalten zu wenig berücksichtigen (vgl. Horn/Beier/Kraft-

Krumm 1984). Angesichts dieser Probleme und Grenzen traditioneller präventiver Maßnahmen wurden verstärkt seit Mitte der 80er Jahre Konzepte entwickelt, die von einer veränderten Grundannahme ausgehen. Nicht mehr die Verhütung von Krankheiten soll im Vordergrund stehen, sondern die Förderung von gesundheitsorientierten Prozessen (vgl. Knörzer/Treutlein 1987).

Versteht man Gesundheit als dynamischen Zustand des Wohlbefindens und nicht nur als Fehlen von Krankheit, dann kann als oberstes Ziel der Prävention und Gesundheitsbildung gelten, Inhalte und Methoden zu vermitteln, die dabei helfen können, den Zustand des Wohlbefindens zu erlangen und zu erhalten, und zwar im physischen und psychischen wie auch im sozialen Bereich. Das Vorbeugen gegen Krankheiten ist dann eine Folge davon. Eine so verstandene Gesundheitsfürsorge muß nicht asketisch sein und Beschränkungen verlangen, sondern sollte durchaus sinnesfroh und genußvoll sein (vgl. Ernst 1992). Voraussetzung für ein solches Vorgehen ist eine Intensivierung der Körperwahrnehmung und die Entwicklung von Körperbewußtsein. Der Körper ist die Grundlage für das Wohlbefinden des Subjekts. Sensibilisierung für das Körpererleben macht auch sensibel für Verhaltensweisen, die dieses Wohlbefinden stören (vgl. Knörzer 1991).

Janalik/Treutlein (1989, S. 61 ff.) erläutern dies am „Prinzip der Oszillation" (Abb. 1.**1**). Die Berücksichtigung dieses Prinzips ist ausschlaggebend für eine gesunde Lebensführung. Demnach besteht Leben aus aufeinander bezogenen Polaritäten, wie Spannung und Entspannung, Bewegung und Ruhe, Einatmen und Ausatmen, Hunger, Sättigung etc. Ein

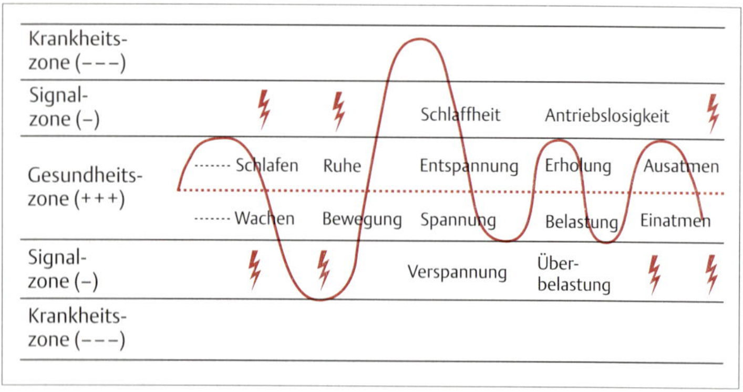

Abb. 1.**1** Oszillationsmodell der Gesundheit (nach Janalik/Treutlein)

regelmäßiges Pendeln zwischen den Polen ist die Voraussetzung für Gesundheit und Wohlbefinden.

Ein zu langes Verharren an einem Pol führt zu einer Gefährdung der Gesundheit. In diesem Fall gibt es jedoch körperlich erlebbare Signale, wie z.B. chronische Müdigkeit, Verspannungen, Kopfschmerzen, die den Menschen bei entsprechender Bereitschaft, diese Signale wahrzunehmen, darauf hinweisen, seine Lebensführung hin zum Gegenpol zu ändern. Werden diese Signale jedoch nicht berücksichtigt, so verläßt der Pendelausschlag die Signalzone und gerät in die Krankheitszone. Dort ist eine Umkehr ohne fremde Hilfe meist nicht mehr möglich. Ziel einer gesunden Lebensführung muß es daher sein, Möglichkeiten und Wege zu finden, zwischen den einzelnen Polen pendeln zu können und sensibel zu werden für die körperlichen Signale, die Hinweise geben, wenn ein Pendelausschlag zu stark in die Signalzone gerät. Anhand des Oszillationsmodells läßt sich nun für den Bereich Bewegung aufzeigen, daß diese immer dann gesundheitsfördernd ist, wenn sie nach dem Prinzip der Oszillation gestaltet wird. Bewegung ist demnach nicht schon an sich und in jedem Falle gesund, wie dies gerade Vertreter des Sports gerne behaupten. Ein Zuviel an Bewegung unter Mißachtung der notwendigen Ruhephasen kann dann ebenso gesundheitsschädigend sein, wie der weitverbreitete Mangel an Bewegung.

Für die Prävention in der physiotherapeutischen Praxis kann nun gesagt werden: Schwerpunkt sollte sein, die Patienten immer wieder einfühlsam auf ihr körperliches Erleben hin aufmerksam zu machen, mit dem Ziel, durch eine solche Intensivierung der Körperwahrnehmung ein differenzierteres Körperbewußtsein zu entwickeln. Dies kann eher allgemein erfolgen („Achten Sie einmal darauf, was Sie fühlen bzw. erleben.“), aber auch durch spezifische Aufmerksamkeitszentrierung, die die Bewegungsausführung unterstützen kann („Erspüren Sie genau den Punkt, bis zu dem Sie die Dehnung angenehm durchführen können“). Hierdurch wird der Patient früher körperliche Signale wahrnehmen können, die im Sinne des „Prinzips der Oszillation“ ihn darauf hinweisen, daß er den Bereich der Gesundheitszone verläßt. Je eher er dies wahrnimmt, desto leichter ist ein eigenverantwortliches Gegensteuern noch möglich. Natürlich braucht er dann auch Wissen und Können darüber, wie er das tun kann. Daher wird auch eine physiotherapeutische Prävention nicht ohne Wissensvermittlung, etwa über richtige Haltung, Gefahren von Fehlhaltungen, aber auch über funktionelle Ausgleichsübungen auskommen. Diese sollte aber immer im Zusammenhang mit Formen der Körperwahrnehmung verbunden sein, da sie sonst mit all den oben beschriebenen Problemen der klassischen Aufklärungskonzeptionen konfrontiert sein wird.

Der in den 80er Jahren entwickelte erlebnisorientierte Ansatz der Gesundheitsfürsorge zeigt sicherlich neue Wege in der präventiven Praxis auf. Kritisch zu sehen ist er allerdings dann, wenn der Blickwinkel zu ausschließlich auf die Einzelperson und ihre Erlebnisfähigkeit gerichtet wird. Eine solche individuumszentrierte Sichtweise muß vielmehr immer durch Einbeziehung der unterschiedlichen gesellschaftlichen Ebenen erweitert werden. Dies findet sich in der Konzeption, die bei uns unter dem Namen „Gesundheitsförderung“ (engl. „Healt Promotion“) mehr und mehr an Bedeutung gewinnt.

1.1.3 Gesundheitsförderung

Bereits 1946 definierte die Weltgesundheitsorganisation (WHO) in ihrer Verfassung:

> „Gesundheit ist der Zustand des vollständigen körperlichen, geistigen und sozialen Wohlbefindens und nicht nur das Freisein von Krankheit und Gebrechen“.

Der hier beschriebene positive Gesundheitsbegriff zeigt zwar bereits die Richtung an, ließ sich jedoch nur schwer in der Praxis umsetzen. Folgerichtig entwickelte die WHO dann auch seit Ende der 70er Jahre eine differenziertere Konzeption, die sich 1986 in der Ottawa Charta zur Gesundheitsförderung ausdrückt. Hierin heißt es:

> „Gesundheitsförderung zielt auf einen Prozeß, allen Menschen ein höheres Maß an Selbstbestimmung über ihre Lebensumstände und ihre Umwelt zu ermöglichen und sie damit zur Stärkung ihrer Gesundheit zu befähigen.“

Das hier formulierte Gesundheitsverständnis geht weit über reine Präventionsmaßnahmen hinaus. Es fordert auf zu einer Gesundheitspolitik, die aktiv an den Ursachen von Krankheiten eingreift, mit dem Ziel der Entwicklung einer gesundheitsfördernden Gesamtpolitik. Regional zielt sie auf die Schaffung gesundheitsfördernder Lebenswelten unter Anerkennung der engen Bindung zwischen Mensch und sozialer wie ökologischer Umwelt. Als Ort für die Verwirklichung einer solchen neuen Art von öffentlicher Gesundheitspolitik wird die Stadt bzw. Region, in der wir leben, gesehen. Entsprechend ist ein zentrales Umsetzungsprojekt für die in der Ottawa-Charta formulierten Gedanken das Gesunde-Städte-Projekt („Health-City-Projekt“) der WHO, dem sich allein in Europa seit 1986 mehr als 350 Städte angeschlossen haben.

Gemeindenahe Gesundheitsförderung ermöglicht eine größtmögliche Bürgernähe. Da für den einzelnen die lokalen Lebensbedingungen am ehesten erfahrbar sind, kann hier konkret angesetzt werden, durchaus auch mit dem Blick auf kommunalpolitische Strukturen und Verantwortlichkeiten. Bei aller kommunalen Fokussierung muß jedoch stets auch die Einbindung der regionalen Aktivitäten in überregionale Bemühungen mitgedacht werden. In der täglichen Arbeit der Gesundheitsförderung besteht immer wieder die Gefahr, daß diese übergreifenden systemischen Zusammenhänge aus dem Blick geraten. Hier ist es hilfreich, folgendes Modell von fünf Ebenen wachsender gesellschaftlicher Komplexität vor Augen zu haben (vgl. Steen 1994, S. 110 ff.).

5. Ebene: Gesamtpolitik
4. Ebene: Gemeinwesen
3. Ebene: Institutionen
2. Ebene: Gruppen
1. Ebene: Individuen

- Auf der ersten Ebene geht es darum, den einzelnen Menschen, das *Individuum,* in seinen persönlichen Kompetenzen zu entwickeln und zu stärken, und zwar im Hinblick auf seine körperlichen, emotionalen, intellektuellen, sozialen, kulturellen und spirituellen Bedürfnisse.
- Gesundheitsförderung auf der zweiten Ebene, der der *Gruppen,* hat die Aufgabe, Gemeinschaftsaktionen zu unterstützen und überschaubare soziale Netze zu kräftigen.
- Die dritte Ebene betrifft die gesellschaftlichen *Institutionen* und Organisationen, die fördernd oder beschränkend auf den Gesundheitsstatus und das Wohlbefinden von Bevölkerungsgruppen einwirken.
- Auf der vierten Ebene geht es um das *Gemeinwesen.* Hier geht es darum, gesunde Arbeits- und Lebensbedingungen zu schaffen. Spätestens hier ist das Handlungsfeld ausdrücklich politisch zu verstehen.
- Die fünfte und komplexeste Ebene des Modells hat die Entwicklung einer gesundheitsfördernden *Gesamtpolitik* zum Ziel. Hier zeigt sich, ob der WHO-Slogan „Global denken – lokal handeln" überzeugend umgesetzt werden kann. Wenn die Gesamtpolitik Verantwortung dafür übernimmt, gesellschaftliche Instanzen und Gruppen zur Entfaltung ihrer Gesundheitspotentiale zu ermutigen und dafür Ressourcen zur Verfügung stellt, dann kann vor Ort Gesundheit wachsen.

Die einzelnen Ebenen des Modells sind zwar analytisch unterscheidbar, jedoch untrennbar miteinander verknüpft. Nach wie vor wird in der Praxis oft recht isoliert auf einzelnen Ebenen operiert, wodurch die langfristigen Effekte von Projekten systematisch beschränkt werden. Die Berücksichtigung des Mehrebenen-Modells kann dabei helfen, aus einem eingefahrenen Kampagnen- und Projektedenken herauszufinden und eine größere Offenheit und Transparenz zu erreichen. An einem konkreten Beispiel soll dies gezeigt werden:

Eines der großen gesundheitlichen Probleme unserer Tage ist das „Volksleiden" Rückenbeschwerden. Mehr als 18 Millionen Bundesbürger leiden chronisch oder latent an Rückenschmerzen. Nach einer bundesweiten Statistik der Betriebskrankenkassen werden 22% aller Krankschreibungen, 40% aller Kuranträge und ca. 60% aller vorzeitigen Rentenanträge aufgrund von Rückenbeschwerden gestellt. Dadurch entstehen jährlich allein über 1 Milliarde DM Krankenhauskosten, ganz abgesehen von den Beeinträchtigungen im persönlichen Wohlbefinden der Betroffenen. Als Reaktion darauf wurde seit Mitte der 80er Jahre auch in Deutschland das Konzept der Rückenschule für Erwachsene entwickelt und in der Zwischenzeit nach den Bedürfnissen der verschiedenen Zielgruppen differenziert (vgl. Reinhardt 1994). Rückenprobleme entstehen jedoch nicht erst im Erwachsenenalter, sondern bereits im Kindes- und Jugendalter. So muß man davon ausgehen, daß bereits 35–60% aller Schulkinder Haltungsschwächen haben und sich die Anzahl der Haltungsschäden in diesen Altersgruppen seit 1945 verdoppelt hat. Die Forderung lautete daher bereits im Schulalter, wenn nicht gar schon im Kindergarten, dem Problem der Rückenbeschwerden entgegenzutreten. Seit über hundert Jahren setzten sich immer wieder Orthopäden und Leibeserzieher für eine Haltungsschulung für Kinder und Jugendliche ein. Methodische Konzepte, wie das Schulsonderturnen, wurden entwickelt (vgl. Cicurs/Hahmann 1979), jedoch in der schulischen Praxis wenig verbreitet. Seit Anfang der 80er Jahre wurde zunächst mit der Konzeption des „Sportförderunterrichts" ein neuer Weg eingeschlagen, der mit der Entwicklung von Rückenschulkonzepten für Kinder in den 90er Jahren die aktuelle Diskussion prägt (vgl. Kempf/Fischer 1993; Breithecker/Liebisch 1993).

Gerade die Komplexität des Themas Haltungsschulung und Vorbeugung gegen Haltungsschäden bei Kindern und Jugendlichen in Schule und Elternhaus erfordert eine Vorgehensweise, die alle Ebenen der Gesundheitsförderung einbezieht. Daher soll im folgenden am Beispiel der Haltungsproblematik das 5-Ebenen-Modell der Gesundheitsförderung praktisch erläutert werden.

Auf der ersten Ebene, der Individuumsebene, geht es darum, die Kinder individuell zu einer ökonomischen Haltung zu führen. Im Konzept der Rückenschule bieten sich hier vielfältige Möglichkeiten (vgl. Kempf/Fischer 1993):

Funktioneller Bereich:	Bewegungsanalysen und motorische Tests; Dehnung, Kräftigung, Mobilisation; Schulung des Gleichgewichts.
Verhaltenstraining:	Ökonomisches Liegen, Sitzen, Stehen, Bücken, Gehen etc.; Entlastungshaltungen.

Entspannung:	Entspannungsverfahren wie Autogenes Training, Progressive Muskelentspannung; Entspannung über Atemtechniken; einfache Massageformen.
Körpererfahrung:	vielfältige Formen der Körperwahrnehmung und Körpersensibilisierung.
Ergonomie:	Einrichtung von individuell passenden Sitzarbeitsplätzen; rückenschonende Schulranzen

Darüber hinaus muß es auf der Individuumsebene darum gehen, bei jedem Kind die individuelle Lust an der Bewegung zu wecken und zu fördern.

Die zweite Ebene umfaßt die gesamte Lerngruppe, in der Regel also die Klasse. Gerade bei Kindern ist es wichtig, daß viele der Übungsformen, die auf der Individualebene ansetzen, nicht nur alleine ausgeführt werden, sondern immer auch mit Partnern oder in der ganzen Gruppe. „Kleine Spiele" in der Gruppe werden hier ebenso eingesetzt, wie Formen der Körperwahrnehmung und der Entspannung. Darüber hinaus kommt es auf der Gruppenebene darauf an, daß das Thema „richtige" Haltung nicht nur in einem Fach angesprochen werden darf, sondern als fächerübergreifendes Prinzip von allen Lehrern der Klasse und in allen Stunden und Fächern immer wieder aufgegriffen werden soll. Regelmäßige Bewegungspausen sollten in jeder Klasse zur Gewohnheit werden (vgl. Amler/Knörzer 1995). Die Klassenzimmer müssen mit Schulmöbeln so eingerichtet werden, daß sie zu den unterschiedlichen Körpergrößen der Schüler passen. Die Einbeziehung der Eltern ist bei einer solchen Vorgehensweise dann ebenfalls logische Konsequenz.

Auf der dritten Ebene ist nun die gesamte Institution Schule angesprochen. Das bestdurchdachte Projekt zur Haltungs- und Rückenschule wird erst dann gute Aussichten auf eine Langzeitwirkung haben, wenn seine Zielsetzung in der gesamten Schule institutionell verfolgt wird. Dies kann dadurch geschehen, daß für die gesamte Schule rückengerechte Schulmöbel angeschafft werden, daß Sitzhilfen für ein bewegtes, dynamisches Sitzen nicht nur geduldet, sondern ausdrücklich gewünscht werden, daß regelmäßige Bewegungspausen Teil einer schulischen Bewegungs- und Lernkultur werden, daß die Pausenhöfe als Bewegungslandschaft arrangiert werden etc. Die Kooperation mit anderen Institutionen wie Krankenkassen und Gesundheitsämtern kann all diese Aktivitäten nur unterstützen.

Die Gemeinde, also der Schulträger, wird auf der vierten Ebene einbezogen. Hier müssen die Entscheidungen dafür getroffen werden, neue kind- und rückengerechte Schulmöbel anzuschaffen, Pausenhöfe in Bewegungslandschaften umzuwandeln, aber auch den außerschulischen Lebensraum der Kinder so zu gestalten, daß diese ihr Bewegungsbedürfnis leben können und nicht einer verbauten, vom Straßenverkehr dominierten Umwelt opfern müssen.

Auf der fünften Ebene, der der Gesamtpolitik, geht es schließlich darum, Verantwortung dafür zu übernehmen, gesellschaftliche Gruppen und Instanzen zur Entfaltung ihrer Gesundheitspotentiale zu ermutigen und dafür Ressourcen zur Verfügung zu stellen. Am Beispiel Schule kann dies bedeuten:

Schaffung eines rechtlichen Rahmens, in dem kindgerechte Schulmöbel, bewegungsanregende Pausenhöfe und Bewegungspausen für alle Schulen verbindlich werden. Finanzpolitische Weichenstellungen, die es den Kommunen ermöglichen, die finanziellen Mittel für solche Maßnahmen bereitzustellen. Umfassende Lehrerfortbildungsmaßnahmen zu dem beschriebenen Problembereich. Letztendlich auch eine Abkehr von starren an den 45-Minuten-Takt gebundenen Unterrichtsformen hin zu offenen projektbezogenen Lernfeldern, in denen das Bewegungsbedürfnis der Schüler immer berücksichtigt werden kann.

Am Beispiel des Problemfeldes Rückenbeschwerden wurde gezeigt, wie das Konzept der Gesundheitsförderung durch die Einbeziehung aller sozialen und politischen Ebenen weit über reine Präventionskonzepte hinausgeht. Dadurch benötigen Maßnahmen der Gesundheitsförderung zunächst länger als reine individuumsbezogene Präventionsprojekte. Gerade dadurch läßt sich jedoch erst ein dauerhafter Erfolg sichern, nämlich dann, wenn es gleichermaßen gelingt, Lebensräume und Lebensweisen positiv zu verändern. Wie jede Präventionsmaßnahme müssen sich dann Maßnahmen der Gesundheitsförderung daraufhin überprüfen lassen, ob sie die gesteckten Ziele auch erreichen.

1.1.4 Qualitätssicherung in Prävention und Gesundheitsförderung

Die Bedeutung der Qualitätssicherung ist in Prävention und Gesundheitsförderung heute unbestritten. Nüssel (1994) unterscheidet drei Bereiche der Qualitätssicherung:

1. *Strukturqualität*
   Sie betrifft den Nachweis der Kompetenz der Anbieter von gesundheitsfördernden Maßnahmen und die Verwirklichung geeigneter Durchführungsbestimmungen.
2. *Prozeßqualität*
   Hier geht es darum, Kriterien zu benennen, die geeignet sind, um nachzuprüfen, ob die Durchführungsbedingungen auch eingehalten werden.

3. *Ergebnisqualität*
   Vor Beginn einer Maßnahme müssen Kriterien definiert werden, die geeignet sind, den Erfolg nachzuweisen. Diese müssen dann zu Beginn und in geeigneten Abständen kontrolliert werden.

Sicherlich wird heute noch nicht bei allen Maßnahmen der Prävention und Gesundheitsförderung ausreichende Qualitätssicherung in allen drei Bereichen gewährleistet. Dennoch muß es für jeden Anbieter solcher Maßnahmen ein Ziel sein, die Möglichkeiten der Qualitätssicherung immer stärker zu differenzieren und zu verbessern. Als Beispiel seien hier die Volkshochschulen genannt. Sie bieten in ihren Gesundheitsbildungsabteilungen ein umfangreiches Angebot zu Prävention und Gesundheitsförderung an. Dem in den letzten Jahren erfolgten quantitativen Ausbau folgen nun verstärkt Bemühungen um Qualitätssicherung und kontinuierliche Qualitätsverbesserung. Qualitätskriterien beziehen sich dabei auf die einzelnen Veranstaltungen, die institutionellen und sachlichen Rahmenbedingungen und die Kompetenz des Personals.

Beim Profil der einzelnen Veranstaltungen wird besonders geachtet

- auf den Ankündigungstext, der sachlich, klar und deutlich verständlich sein muß und die Ziele der Veranstaltung benennt,
- auf die Veranstaltungsform, der didaktisch-methodische Konzepte zugrundeliegen sollten, die einem ganzheitlichen Gesundheitsverständnis gerecht werden und auf Prinzipien der modernen Lernpsychologie und Pädagogik beruhen,
- auf die Gruppenstruktur und -größe, die sich nach den räumlichen Voraussetzungen und dem Veranstaltungsangebot richtet,
- auf die verschiedenen Formen der Evaluation, angefangen von Anwesenheitslisten über Dozentenberichte bis hin zu gezielten Feedbackbogenaktionen.

Bei den institutionellen und sachlichen Rahmenbedingungen liegt das Augenmerk

- auf einer teilnehmerfreundlichen Gestaltung des Anmeldeverfahrens,
- auf Veranstaltungsräumen, die von ihrer Ausstattung her erwachsenengerechtes Lernen ermöglichen und außerdem bürgernah liegen,
- auf der Möglichkeit zur Bewirtung und gegebenenfalls Kinderbetreuung bei besonderen Veranstaltungsformen (z.B. Kompaktveranstaltungen).

Die personellen Rahmenbedingungen betreffen sowohl die

- hauptberuflichen Mitarbeiter, deren fachliche und pädagogische Kompetenz benötigt wird für ein qualifiziertes Kursangebot, für die kompetente Führung von Erstgesprächen mit neuen Kursleitern und für die fundierte Beratung der Teilnehmer über das Programmangebot,

als auch die

- Kursleiter, die über ihre fachlichen Qualifikationen hinaus ein allgemeines Verständnis von Gesundheitsbildung an Volkshochschulen und erwachsenenpädagogische Kompetenzen besitzen sollten.

Die Umsetzung dieser Qualitätsanforderungen verlangt ein Agieren auf allen 5 Modellebenen der Gesundheitsförderung. Sie stellt Anforderungen an die individuelle wie gruppenbezogene Betreuung von Kursleitern und Teilnehmern, sie ist eine ständige Aufforderung an die Institution Volkshochschule zur Verbesserung ihrer personellen wie sachlichen Rahmenbedingungen, sie fordert die Gemeinde als Träger oder Zuschußgeber und verlangt auf der Ebene der Gesamtpolitik die Schaffung von gesetzlichen Grundlagen und finanziellen Vorgaben, die die Arbeit der einzelnen Volkshochschulen vor Ort erst ermöglichen.

Mit der Umsetzung der Forderung nach Qualitätssicherung, die hier am Beispiel der Volkshochschulen erläutert wurde, befassen sich heute alle großen Anbieter von Kursen zur Gesundheitsförderung. So haben die Krankenkassen ebenso ein Qualitätssicherungssystem entwickelt wie auch die Sportbünde für den Gesundheitssport, aber auch staatliche Behörden wie die Gesundheitsämter oder die neu entstehenden kommunalen Ämter für Gesundheitsförderung.

Abschließend kann gesagt werden: Die Forderung nach Verstärkung präventiver Maßnahmen wird seit den 60er Jahren regelmäßig erhoben. Jedoch erst seit Ende der 80er Jahre kann durch die Erweiterung des ursprünglichen Präventionskonzeptes durch das Konzept der Gesundheitsförderung von einer umfangreichen und systematischen Entwicklung gesprochen werden. Diese Entwicklung steht erst am Anfang. Das Ziel, nämlich die Schaffung umfassender gesundheitsförderlicher Lebenswelten, läßt sicherlich noch weitere intensive Bemühungen lohnenswert erscheinen.

2 Rehabilitation

W. K. Schreiber

2.1 Einführung

Während sich die kurative Medizin auf Krankheiten und ihre Erscheinungsbilder konzentriert, zielt die Rehabilitation auf eine dem Lebensalter und der Lebensperspektive entsprechende Herstellung bzw. Wiederherstellung eines Zustandes mit möglichst geringen Abweichungen von dem, was in einer Gesellschaft als „normal“[1] bezeichnet wird. Als „Rehabilitation“ wird sowohl die Wiedereingliederung Strafgefangener, die Wiederherstellung der Ehre eines zu Unrecht Beschuldigten als auch die Eingliederung chronisch kranker oder behinderter[2] Menschen in die Gesellschaft verstanden.

Physiotherapeuten interessieren sich beruflich auch für die Rehabilitation chronisch Kranker oder Behinderter. Dieser Aufsatz bietet hierzu einen allgemeinen Überblick, ohne die spezifischen Interessen von Physiotherapeuten zu berücksichtigen.

Im Mittelpunkt der Rehabilitation stehen nicht nur die dauerhaft beeinträchtigten physischen und psychischen Funktionen des Menschen, sondern auch seine Befähigung, seinem Lebensalter, seiner Eignung und Neigung entsprechende Funktionen in der Gesellschaft wahrzunehmen und dabei weitgehend unabhängig von Hilfe und Pflege zu sein.

Aus diesem hohen Anspruch wird deutlich, daß es mit medizinischen Leistungen in vielen Fällen nicht getan sein kann: Das Rehabilitationssystem in der Bundesrepublik umfaßt daher nicht nur Leistungen zur medizinischen, sondern auch solche zur schulischen und beruflichen Rehabilitation, zur Vermeidung von Pflegeabhängigkeit sowie zur sozialen Eingliederung.[3] Art und Umfang der erforderlichen Maßnahmen können nur individuell auf dem Hintergrund der gesetzlichen Rahmenbedingungen bestimmt werden. Für bestimmte Behinderungsarten wurden Maßstäbe zur Rehabilitation entwickelt, die teilweise als Festlegungen erstrebenswerter Zielsetzungen, teilweise als Beschreibungen der Behandlungsrealität bei optimaler Versorgung bezeichnet werden können (vgl. Bundesarbeitsgemeinschaft für Rehabilitation 1994c; Koch u. Mitarb. 1988).

Damit gehört die Krüppelfürsorge der Vergangenheit an (Guttman 1975).

Folgende Beispiele mögen die Spannbreite von Leistungen zur Rehabilitation verdeutlichen, ohne damit alle möglichen Ereignisse einzuschließen:

- Ein älterer multimorbider, seit längerem bettlägeriger Patient nimmt an einem Mobilitätstraining teil. Danach ist er auf weniger Hilfe und Pflege angewiesen als zuvor.
- Ein Infarktpatient ist nach Behandlung in einem Akutkrankenhaus und durch eine Anschlußheilbehandlung so weit wiederhergestellt, daß er seine berufliche Tätigkeit an seinem alten Arbeitsplatz wieder aufnehmen kann.
- Ein Bäcker entwickelt während seiner Lehre eine so starke Mehlallergie, daß er nach der Gesellenprüfung seinen Beruf aufgeben muß. Er schult um und geht seither einer Berufstätigkeit im Umschulungsberuf ohne jede gesundheitliche Einschränkung nach.
- Ein seit der Geburt körperlich Behinderter wird nach intensiver Frühförderung in eine Sonderschule eingeschult, durchläuft diese bis zum Abitur und studiert an der Fachhochschule eines Berufsförderungswerks Maschinenbau. Als junger Absolvent wird er in der Konstruktionsabteilung einer Maschinenbaufirma angestellt. Sein Arbeitsplatz wird so verändert, daß der Behinderte seinen beruflichen Funktionen fast ohne Einschränkungen nachkommen kann.

Es kann sowohl nach Art und Schwere der Behinderung als auch nach Behinderungsauswirkungen unterschieden werden. Dabei ergibt sich „Behinderung" nicht allein aus einem physischen oder psychischen Zustand, sondern ist auch ganz wesentlich von den Situationen abhängig, in denen sich eine Person befindet, handelt, Funktionen erfüllt usw.

So hätte der Bäcker im obengenannten Beispiel seinen Beruf nicht aufgeben müssen, wenn er einen anderen Beruf erlernt hätte. Die Behinderung ergibt sich also nicht aus der persönlichen Disposition allein.

Es ist daher sinnvoll, danach zu fragen,

a) welche Aspekte des gesellschaftlich erwarteten Handelns der Person in welchen konkreten Situationen aus gesundheitlichen Gründen beeinträchtigt sind,
b) ob diese gesundheitlichen Gründe dauerhaft oder vorübergehend sind,
c) ob die Situationen, in denen die gesundheitlichen Auswirkungen zum Tragen kommen, vermeidbar sind oder nicht,
d) auf welche Weise die Auswirkungen einer chronischen Krankheit oder Behinderung vermieden oder minimiert werden können.

Dem trägt die Definition der Behinderung durch die Weltgesundheitsorganisation (1980, Europarat 1989) Rechnung. Danach wird unterschieden in:
- den konkreten physischen oder psychischen Schaden (impairment),
- die individuellen funktionellen Einschränkungen bzw. Störungen (disability),
- die sozialen Auswirkungen in den unmittelbaren sozialen Beziehungen, der Einschränkung der beruflichen Leistungsfähigkeit usw. (handicap).

Während sich die kurative Medizin auf *impairment* konzentriert, orientieren sich rehabilitative Bemühungen insbesondere an der Reduzierung der Behinderungsauswirkungen. Das kann selbstverständlich nicht bedeuten, daß das verursachende *impairment* unbehandelt bleibt.

Behinderungsauswirkungen beziehen sich z. B. auf:
- Orientierung in Raum und Zeit,
- Mobilitätseinschränkungen,
- Fähigkeit, am sozialen Leben teilzunehmen, soziale Beziehungen zu pflegen, usw.,
- Fähigkeit, altersgemäße und kulturell aufgrund sonstiger Merkmale (wie Geschlecht, Schicht- oder Klassenzugehörigkeit) bestimmte (auch berufliche) Tätigkeiten durchzuführen, einschließlich der sich daraus möglicherweise ergebenden Fragen der wirtschaftlichen Unabhängigkeit und der Unabhängigkeit von der Hilfe anderer Menschen.

2.2 Zur Definition des Begriffs „Rehabilitation“

Die Verwendung des Begriffs „Rehabilitation“ von unterschiedlichen am Rehabilitationsprozeß beteiligten Berufsgruppen kann den Eindruck erwecken, als handle es sich in Wahrheit um unterschiedliche Begriffsbestimmungen mit unterschiedlichen daran gebundenen Zielsetzungen (vgl. Mühlum u. Oppl 1992, S. 3). Auch sind die mit der Einführung der Pflegeversicherung verbundenen Maßnahmen und Zielsetzungen nicht vollständig in das zuvor bestehende System der Rehabilitation integriert. Daher wird der Verfasser beide Typen der Rehabilitation unterscheiden.

Kähne (1992, S. 634) hat einige Definitionen von Rehabilitation Behinderter zusammengetragen, die sich teils stärker am gesetzlichen Rahmen, teils an sozialethischen Gesichtspunkten orientieren. Elemente sind:

- Personen: Behinderte oder von Behinderung Bedrohte bzw. nach dem Schwerbehindertengesetz anerkannte Schwerbehinderte[4].

- Ziel: Eingliederung in Arbeit, Beruf und Gesellschaft.
- Motto: Rehabilitation vor Rente (Bundesarbeitsgemeinschaft für Rehabilitation 1994b).

Ich nenne diesen Typ: „Rehabilitation vom Typ I".

Aufgrund der Einführung der Pflegeversichung sind folgende Elemente hinzuzufügen:

- Personen: Pflegeabhängige (jeden Alters), wenn eine über das – bei Kleinkindern – altersspezifisch übliche Maß hinausgehende Hilfe oder Pflege nicht nur geringfügig und „auf Dauer" erforderlich ist oder eine solche Pflegeabhängigkeit unmittelbar droht.
- Ziel: Menschen zu helfen, von Hilfe und Pflege
  - möglichst unabhängig zu werden,
  - so lange wie möglich unabhängig zu sein,
  - den erforderlichen Umfang der Pflege so gering wie möglich zu halten.
- Motto: Rehabilitation vor Pflege (Bundesarbeitsgemeinschaft für Rehabilitation 1994b).

Diesen Typ der Rehabilitation nenne ich „Rehabilitation vom Typ II".

Unter „Rehabilitation" versteht man auch das System der Leistungen zur Rehabilitation.

2.3 Ziele der Rehabilitation

Abstrakt formuliert ist die Integration des Behinderten in die Gesellschaft Ziel der Rehabilitation (Bundesministerium für Arbeit und Sozialordnung 1994). Orientierungspunkte ergeben sich aus den bestehenden Normalitätserwartungen in der Gesellschaft (Tab. 2.**1**).

Häufige Ereignisse in unserer Kultur bestimmen Erwartungen, die andere an Individuen und Individuen an ihr eigenes Leben haben. Lassen sich diese nicht realisieren, dann können auch weitergehende Folgen, wie eine Beeinträchtigung des Selbstwertgefühls, eintreten. Durch Maßnahmen zur Rehabilitation werden Möglichkeiten zur möglichst weitgehenden Teilhabe an der Gesellschaft eröffnet.

Ältere Menschen müssen irgendwann mit einer – wenn auch nach Art und Schwere unterschiedlichen – Pflegeabhängigkeit rechnen, sie könnte somit als altersgemäß „normal" gewertet werden. Die Ergebnisse einer Repräsentativbefragung von 55- bis 70jährigen Deutschen ergab jedoch, daß von fast 90% „körperlich und geistig fit zu bleiben" als wichtigste Grundeinstellung noch vor der finanziellen Absicherung am häufigsten genannt wurde (Friedrich Ebert Stiftung 1991). Für Ältere ist es also

Tabelle 2.1 In unserer Gesellschaft treten folgende Ereignisse im Leben eines Individuums häufig auf (Kohli 1980, aktualisiert in Mühlum u. Oppl 1992)

Ereignis	%
Einschulung	99
Schulentlassung*	99
Auszug aus dem Elternhaus	90
Eheschließung	80
Aufnahme einer Erwerbstätigkeit	90
Beendigung des Erwerbslebens	90
Demgegenüber sind andere Ereignisse seltener:	
Arbeitslosigkeit	10
Leben mit Partner (ohne Ehe)	15
Aufnahme eines Studiums	20

* Schulentlassung als erlebtes Ereignis ist nur in solchen Gesellschaften so häufig wie die Einschulung, die eine geringe Kindersterblichkeit haben.

wichtig, so lange wie möglich ein würdiges und unabhängiges Leben zu führen. Daran müssen sich auch Normalitätserwägungen anderer Altersgruppen orientieren.

Art und Dauer der Maßnahmen zur Rehabilitation werden wesentlich bestimmt durch:
- Art und Schwere der chronischen Krankheit oder Behinderung, dem Zeitpunkt des Auftretens (z.B. Geburt oder später) sowie den bestehenden Alternativen zu ihrer Kompensation oder Beseitigung,
- individuelle Zielsetzungen des chronisch Kranken oder Behinderten, die ihre konkrete Ausprägung aufgrund von Eignung und Neigung und den Möglichkeiten erhält, Behinderungsauswirkungen zu minimieren,
- gesellschaftliche Rahmenbedingungen mit einem Spekturm an beruflichen Chancen, kulturellen Werten und Interessen, Maßstäben der Normalität usw.,
- Gesetzliche Rahmenbedingungen und das Angebot zur Durchführung von Maßnahmen der Rehabilitation.

Bezüglich der beiden Rehabilitationstypen sind folgende Ziele vorrangig:

❖ Typ I: Teilnahme an einer beruflichen Tätigkeit zu ermöglichen, ggf. nach medizinischen, schulischen, beruflichen Rehabilitationsmaßnahmen, und ergänzende Leistungen zur Rehabilitation. Selbständigkeit und wirtschaftliche Unabhängigkeit sollen erreicht werden. Dabei ist anzustreben, daß die Teilnahme am Berufsleben eigene Versicherungsverhältnisse im Rahmen des sozialen Sicherungssystems Deutschlands begründet und damit auch eine eigenständige Absicherung gegen die versicherten Risiken besteht. In den Fällen, in denen aufgrund der bestehenden rechtlichen und gesellschaftlichen Rahmenbedingungen eine Berufstätigkeit[5] nicht möglich ist, wird ein „erfülltes Leben" auch ohne Arbeit postuliert. Aufgrund der bestehenden Werthaltungen sind damit erhebliche Probleme verbunden (s. auch Stadler 1992). In diesen Fällen werden andere Maßnahmen zur Bewältigung des täglichen Lebens, der Integration in soziale Gruppen usw. vorrangig.

- Typ II: Abhängigkeit zu reduzieren bzw. weitgehend Unabhängigkeit von Pflege oder Hilfe durch andere Personen zu erhalten. Dabei variieren Art und Grad der als angemessen empfundenen Unabhängigkeit einerseits mit der Lebensphase und andererseits mit gesellschaftlichen Bedingungen. Zu den Maßnahmen gehört alles, womit weitestgehend und möglichst lang andauernde Selbständigkeit durch Training und/oder Nutzung von technischen Rehabilitationshilfen und/oder Anpassung der Wohnumgebung erreicht wird. Allerdings sind Kostenbeteiligung bzw. Höchstbeträge gesetzlich festgelegt, die vielfach – bei fehlender persönlicher finanzieller Leistungsfähigkeit – eine adäquate Problemlösung nicht zulassen. (So ist z. B. für Wohnungsanpassungen aufgrund der Pflegeversicherung lediglich ein Maximalbetrag von DM 5.000,00 vorgesehen. Nur wer über ausreichende Geldmittel verfügt und bereit ist, diese einzusetzen, kann seine Wohnumgebung so gestalten, daß den Zielen der Rehabilitation vom Typ II Rechnung getragen wird.)

2.4 Allgemeine Orientierungen in der Rehabilitation

Orientierungen zur Rehabilitation lassen sich aus verschiedenen Gesichtspunkten betrachten:

- Repräsentanten des Staates, Mitarbeiter in Ministerien, Parlamentarier des Bundestages,
- „gesellschaftlich relevante Gruppen",
- Sozialversicherungsträger und ihre Verbände und Institutionen,
- Mitarbeiter der Sozialversicherungsträger,
- Mitarbeiter in Einrichtungen, die Leistungen zur Rehabilitation erbringen,
- betroffene Menschen und ihre unmittelbare soziale Umwelt,
- andere (unbeteiligte) Bürger.

Aspekte aus Sicht der Fachkräfte, die Leistungen zur Rehabilitation erbringen, sind für Physiotherapeuten vorrangig. Sie beziehen ihre Grundorientierung dabei aus Zielsetzungen, die als unmittelbare Effekte der von ihnen durchgeführten Maßnahmen erreicht werden können:

- Reduzieren oder Beseitigen der Folgen chronischer Krankheit und Behinderung durch richtige Plazierung (Unterbringung in einer Einrichtung, die zu krankheits- und behinderungsspezifisch angemessenen Leistungen zur Rehabilitation imstande ist) und Behandlung zum „richtigen“ (gewöhnlich zum frühestmöglichen) Zeitpunkt.
- Vermeiden von Rückfällen oder Verschlimmerungen, Verlangsamen eines Krankheitsverlaufes mit typischerweise progressivem Verlauf durch Einhalten von Verhaltensvorschriften, Einnahme von Medikamenten, Teilnahme an therapeutischen Maßnahmen usw. (Bundesarbeitsgemeinschaft für Rehabilitation 1994b).
- Anpassen des individuellen Verhaltens aufgrund der bestehenden chronischen Krankheit oder Behinderung mit dem Ziel, bestimmte physische und psychische Belastungen zu vermeiden. Beispiele sind: richtiges Heben und Tragen, ergonomisch richtige Körperhaltung am Arbeitsplatz.
- Ausgleich eines Teils der Behinderungsauswirkungen durch technische Rehabilitationshilfen (z. B. Rollstühle, Anziehhilfen). Technische Rehabilitationshilfen können dazu beitragen, daß Menschen länger oder nach entsprechender Versorgung wieder unabhängiger von anderen Personen werden. Dazu steht ein breites Spektrum von Hilfsmitteln zur Verfügung[6].
- Reduzierung von Behinderungsauswirkungen durch persönliche Hilfe oder Pflege, wie Hilfen beim Anziehen und der Bewältigung des Haushaltes. Persönliche Hilfe oder Pflege sollte auf Aktivitäten beschränkt werden, die auf andere Weise mit vertretbarem Aufwand nicht durchgeführt werden können.
- Anpassen der relevanten physikalischen Umwelt an die Möglichkeiten des chronisch Kranken oder Behinderten. Dazu sind Barrieren, die bei der Durchführung von Aktivitäten des täglichen Lebens hinderlich sind, zu beseitigen. Durch architektonische Maßnahmen kann einer weitgehenden Selbständigkeit bzw. Unabhängigkeit von Hilfe und Pflege erreicht werden (z. B. rollstuhlgerechtes WC).
- Sondermaßnahmen als Folge oder zum Ausgleich bestimmter chronischer Krankheiten oder Behinderungen (z. B. Blindenbuchdruck, Sonderschulen, Fahrtdienste für Behinderte).

Trotzdem muß der Grundsatz der individuellen Hilfe gelten. Das bedeutet, daß rehabilitative Problemlösungen auf die konkrete Lebenslage des chronisch Kranken oder Behinderten abzustimmen sind (vgl. Bundesministerium für Arbeit und Sozialordnung 1994). So wird ein berufstätiger Paraplegiker anderer Hilfen bedürfen als eine blinde, ihre Kinder erziehende Hausfrau.

Art und Umfang der zu ergreifenden Maßnahmen hängen von verschiedenen allgemeinen Werthaltungen ab. Folgende Grundsätze müssen berücksichtigt werden:

- **Vermeiden von Unfällen und Krankheiten.** (Manche Autoren beziehen „Prävention" als „primäre Rehabilitation" in die Diskussion ein. Da in diesem Lehrbuch beide Sachgebiete getrennt behandelt werden, beschränke ich mich hier auf diesen Hinweis.) Präventive Maßnahmen dienen dazu, Krankheiten und Unfälle vermeiden zu helfen oder, wenn dieses Ziel nicht erreichbar ist, die gesundheitlichen Auswirkungen so gering wie möglich zu halten. Voraussetzung ist die Kenntnis von Risikofaktoren für das Entstehen chronischer Krankheiten oder Behinderungen und das Auftreten von Unfällen. Der Prävention dienen eine ganze Reihe von Maßnahmen:
  - genetische Beratung,
  - Vorsorgeuntersuchungen,
  - Impfungen,
  - Gesundheits-Check-up (für über 35jährige) zur frühzeitigen Feststellung,
  - Krebs-Früherkennungsuntersuchung (für Frauen ab dem 20. Lebensjahr und Männer ab dem 40. Lebensjahr),
  - arbeitsmedizinische Untersuchungen,
  - die Unfallverhütungsvorschriften und Kontrollmaßnahmen zu ihrer Einhaltung durch die Träger der gesetzlichen Unfallversicherung[7],
  - Informationen über Maßnahmen zur Verhütung von Krankheiten und zur Förderung der Gesundheit,
  - Kurse zu Aspekten der Verhütung von Krankheiten und der Förderung der Gesundheit wie z. B. zur Streßbewältigung, zur richtigen Ernährung, Rückenschule,
  - Zusammenarbeit zwischen Krankenkassen und Trägern der gesetzlichen Unfallversicherung zu Erkenntnissen über Zusammenhänge zwischen Arbeitsbedingungen und Erkrankungen (vgl. SGB V, § 20, Abs. 2),
  - Sicherheitsstandards bei technischen Erzeugnissen und Verhaltensvorschriften bei ihrer Nutzung, Verbot der Verwendung oder Emission schädlicher Substanzen.

- **Anspruch auf Normalität,** verbunden mit dem Recht auf Entfaltung der Persönlichkeit, zu leben und zu arbeiten wie jeder andere Bürger auch. Nicht „normal" (vgl. v. Ferber 1988) ist in unserer Gesellschaft z. B.:

- die Unterbringung von Kindern oder älteren Menschen im Heim,
- das Zusammenleben mit einem nicht durch gemeinsame und freie Entscheidung bestimmten Partner,
- Sicherung der wirtschaftlichen Grundlage eines eigenen Haushalts mittels der Hilfe anderer.

Das durch das Grundgesetz geprägte Menschenbild darf nicht zu Maßnahmen führen, die geeignet sind, Behinderte herabzusetzen (vgl. Bundesarbeitsgemeinschaft für Rehabilitation 1993). Beispielhaft sollen hierzu Aspekte der Diskussion um die schulische Rehabilitation im Rahmen des Sonderschulsystems angeführt werden. Hierbei geht es um die Frage, ob eine Sonderbehandlung chronisch kranker oder behinderter Kinder in Sonderschulen angemessen ist oder nicht. Die Befürworter einer Integration chronisch kranker und behinderter Schüler in Regelschulen argumentieren im wesentlichen mit folgenden Gesichtspunkten (vgl. Kniel 1992):

- Kontakte zwischen Behinderten und Nichtbehinderten tragen erheblich zur Verbesserung des gegenseitigen Verstehens und Verständnisses bei. Urteile ersetzen Vorurteile. Behinderte werden für Nichtbehinderte ein Teil der Normalität. Mit Sonderschulformen sind Stigmatisierungen verbunden, die für Schüler und Eltern zu den ohnehin aufgrund der Behinderung bestehenden Problemen hinzukommen.
- Lernchancen Behinderter in normalen (sozialen) Umwelten mit normalen Anforderungen begünstigen normales Verhalten durch normale Lernumgebungen. Besondere Umgebungen sind unrealistisch.
- Sondereinrichtungen sind zentrale wohnortferne Einrichtungen mit mehr oder weniger großen Einzugsgebieten. Dadurch entstehen Fahrzeiten. Während der Schulzeiten sind keine Kontakte zur unmittelbaren sozialen Umgebung am Wohnort möglich, während sonst gleichaltrige Kinder aus einer Straße meist in die gleiche Schule und dort oft in die gleiche Klasse gehen. Im Extremfall wird aufgrund der geringen Anzahl von Sonderschülern pro Altersgruppe zur Vermeidung extremer Fahrzeiten eine Unterbringung im Internat für zweckmäßig gehalten und der Schüler dadurch sogar von der eigenen Familie getrennt.
- Eine gezielte Förderung Behinderter ist auch in integrierten Gruppen möglich, wenn die Rahmenbedingungen so gestaltet werden, daß die Förderung jedes Schülers möglich wird.

Gegner einer Integration argumentieren u. a. wie folgt:

- Die Lernerfahrungen behinderter Schüler in integrierten Gruppen führen durch ständige Überforderung in den Fähigkeitsbereichen, die durch die Behinderung beeinträchtigt sind, zu negativen Tendenzen in der Persönlichkeitsentwicklung (z. B. zu geringem Selbstvertrauen). So werden geistig behinderte Schüler in einer Regelschule in den Fächern mit kognitiven Anforderungen immer Versager sein. Daher muß zunächst durch getrennte Entwicklung des Schülers in einer der Behinderung entsprechend gestalteten Lernumgebung eine stabile Persönlichkeit entwickelt werden. Das schulische Leistungsniveau nichtbehinderter Schüler ist durch Sondermaßnahmen zu erreichen.

- Eine geeignete behinderungsspezifische Förderung durch Fachpersonal ist wirtschaftlich nur durch Zusammenfassung der Betroffenen in einer Einrichtung möglich. Alternativen durch ambulant durchgeführte Therapie verlangt von den Erziehungspersonen einen hohen Aufwand an Organisation und bedeutet einen großen Zeitaufwand für Wege.
- Selbsthilfegruppen sind ein Beleg dafür, daß auch ohne staatliche Maßnahmen chronisch Kranke oder Behinderte zur Verbesserung ihrer Lage eigene Gruppen bilden. Unstrittig ist, daß viele dieser Gruppen äußerst erfolgreich sind.

- **Nachteilsausgleich.** Weil chronisch Kranke und Behinderte im Vergleich zu den nichtbehinderten Bürgern Nachteile haben, wird dafür ein Ausgleich gewährt. Dabei geht es teilweise um Punkte, die bei geringen finanziellen Mitteln große Wirkungen haben können: So hat der Gehbehinderte[29] z. B. das Recht auf einen Nachlaß auf die Kosten der Benutzung von Verkehrsmitteln: Dieser Personenkreis hat regelmäßig nicht die Wahl, ob ein Verkehrsmittel benutzt werden soll oder nicht (anerkannte Schwerbehinderte mit anerkannter Mobilitätseinschränkung; z. B. „G" im Schwerbehindertenausweis).

  Arbeitsuchende Schwerbehinderte haben auf dem Arbeitsmarkt durchschnittlich schlechtere Chancen, eine neue Anstellung zu finden, als andere (Arbeitsgemeinschaft der Deutschen Hauptfürsorgestellen 1994). Es kann daher auch als angemessen betrachtet werden, daß dieser Nachteil durch Pflichtquoten, einen besonderen Kündigungsschutz, Einarbeitungszuschüsse an den Arbeitgeber und berufliche Qualifizierungsmaßnahmen usw. ausgeglichen wird (s. Abschnitt 3.6).

  Schwerbehinderten wurde zum Ausgleich für erhöhte Belastungen bei der Lebensführung ein bestimmter Pauschalbetrag eingeräumt, der bei der Lohn- und Einkommensteuer steuermindernd wirkt. Bei erfüllten Voraussetzungen sind Ermäßigungen der Kraftfahrzeugsteuer und -versicherung möglich. Behinderte Studenten können länger als nichtbehinderte Studenten Leistungen zur Studienförderung als Zuschuß (und nicht wie sonst üblich teilweise als Darlehen) erhalten (Bundesministerium für Arbeit und Sozialordnung 1994).

Insgesamt sollen Nachteile aufgrund einer chronischen Krankheit oder Behinderung durch Sonderbehandlungen, Sonderrechte oder Vergünstigungen teilweise kompensiert und teilweise reduziert werden. Sofern das gelingt, wirkt der Nachteilsausgleich indirekt rehabilitativ. (Dabei muß sich der Nachteilsausgleich nicht auf den Bereich beziehen, in dem der Nachteil besteht. So kann ein Grad der Behinderung zu einer Steuerersparnis führen, ohne daß tatsachlich höhere Kosten entstehen würden. Oftmals findet man bei Stellenausschreibungen den Hinweis, daß Schwerbehinderte bei gleicher Qualifikation oder gleicher Eignung bevorzugt eingestellt würden. Dieser Vorteil besteht allerdings oftmals nur auf den ersten Blick.)

- **Allgemeines Berücksichtigungsgebot.** Um chronisch Kranken und Behinderten die Chance zu geben, am „normalen" Leben teilnehmen zu können, dürfen keine vermeidbaren physikalischen und sozialen Barrieren aufgebaut werden. Trotz deutlicher Verbesserungen in den letzten Jahren kann nicht festgestellt werden, daß das Berücksichtigungsangebot eingehalten wird. Chronisch Kranken oder Behinderten kann dadurch das tägliche Leben erheblich erschwert werden. So sind Rollstuhlfahrer z. B. häufig mit folgenden Hindernissen konfrontiert:
  - Drehkreuze,
  - hohe Bordsteinkanten,
  - auf Bürgersteigen oder auf der Straße zu eng geparkte Fahrzeuge, um zwischen ihnen hindurchfahren zu können,
  - Geldautomaten, die so eingerichtet sind, daß der Nutzer davor stehen muß,
  - Treppen oder Stufen (auch zum Ein- oder Aussteigen bei öffentlichen Verkehrsmitteln),
  - zu geringe Breite der Gänge zwischen Regalen in Warenhäusern.

Das allgemeine Berücksichtigungsgebot ist teilweise dadurch zu erfüllen, daß bestehende Normen angewendet werden, teilweise ist bei der Planung von Produkten oder Durchführung von Dienstleistungen auch nur an triviale Anforderungen von Behinderten zu denken. (DIN 18025, Teile 1 und 2 und DIN 18024 – 2 sind Normen für barrierefreies bzw. rollstuhlgerechtes Bauen. Das allgemeine Berücksichtigungsgebot bedeutet nicht, daß generell Anpassungen für beliebige Behinderungsarten z. B. in die allgemeine Bauplanung einzufließen hätten.)

Die Einhaltung des allgemeinen Berücksichtigungsgebots könnte bewirken, daß weniger Sondermaßnahmen für Behinderte erforderlich würden. Cloerkes (1988) belegt, daß für Rollstuhlfahrer deutlich weniger als die Hälfte von sonst allgemeinen Dienstleistungen und Versorgungseinrichtungen wie Arztpraxen, Ladengeschäfte, Ämter, öffentliche Toiletten, Gaststätten zugänglich sind und daß sich daran über Jahre nur wenig geändert hat. Erreicht werden könnte auch, daß ältere Mitbürger weniger schnell auf die Hilfe anderer angewiesen sind, wenn sie schleichend bestimmte Funktionen nicht mehr so gut wahrnehmen können wie in jüngeren Jahren. Beipackzettel zu Arzneimitteln oder Geschäftsbedingungen in Verträgen sind z.B. oft so klein gedruckt, daß sie schon wegen altersbedingter Sehbehinderungen nicht oder nur sehr mühsam gelesen werden können. Die daraus folgende Uninformiertheit wird dann oft (alters- oder behinderungsbedingt) reduzierten geistigen Fähigkeiten zugeschrieben. Neue technische Einrichtungen bewirken oft, daß ältere Menschen sich nicht mehr in der Lage fühlen, diese zu bedienen oder zu beherrschen. Für ältere Menschen oft unverständliche Gebrauchsanweisungen oder zu kleine Bedienungselemente tun ein übriges, um sie aus modernen Entwicklungen auszuschließen. Gleichzeitig gibt es aber häufig das altbekannte und gewohnte Produkt nicht mehr zu kaufen. So können ältere Menschen auch an der Teilnahme an Lebensbereichen ausgeschlossen werden, die zuvor wesentlicher Bestandteil ihres kulturellen Lebens waren bzw. zur selbständigen Haushaltsführung gehörten.

Vorurteile gegen Behinderte führen u.a. zu einer Tendenz zur sozialen Isolierung (vgl. v. Ferber 1988).

Die Gesamtheit der Maßnahmen zur beruflichen Rehabilitation soll durch eine ganzheitliche Betrachtungsweise gekennzeichnet sein, die umfassend alle gegenwärtigen physischen, psychischen und sozialen Aspekte des chronisch Kranken oder Behinderten ebenso einbezieht wie wahrscheinliche künftige Entwicklungen und mögliche Perspektiven zur sozialen Eingliederung (vgl. Bundesarbeitsgemeinschaft für Rehabilitation 1993).

2.5 Psychische Prozesse beim chronisch Kranken oder Behinderten

Bei der Festlegung von Rehabilitationszielen sind auch die Behinderungsauswirkungen zu berücksichtigen, die neben der eigentlichen gesundheitlichen Beeinträchtigung sowohl den chronisch kranken oder behinderten Menschen als auch seine unmittelbare soziale Umgebung betreffen. Petermann u. Petermann (1992, S. 93 ff.) führen dazu auf:

- Probleme der Alltagsbewältigung durch die besonderen Anforderungen des chronisch Kranken oder Behinderten z.B. bei der Durchführung von Therapien, dem Kontakt mit Ämtern. Ein erhöhter Zeitaufwand für Wege ist bei Personen mit bestimmten Behinderungsarten erforderlich.

- Viele Angehörige erleben es als besonders belastend, Entscheidungen über Behandlungen (oder die Nichtdurchführung von Behandlungen) treffen zu müssen, die sie eigentlich nicht beurteilen können.
- Die körperlichen Beeinträchtigungen führen beim Betroffenen und seinen Angehörigen oft zu erheblichen Bewältigungsproblemen. Der chronisch Kranke oder Behinderte hat oft das Gefühl, nicht der Norm zu entsprechen.
- Ein Elternteil, der Partner oder das Kind bedarf der Pflege, die so zeitaufwendig und so anstrengend ist, daß sie mit einer normalen Berufstätigkeit, einer evtl. geplanten Bildungsmaßnahme usw. nicht vereinbart werden kann. Oft bedeutet die chronische Krankheit oder Behinderung so eine Änderung der Zukunftsperspektive der gesunden Erwachsenen. (Ob und inwieweit die Einführung von Leistungen der Pflegeversicherung ab April 1995 hier zu einer Änderung führen wird, läßt sich vermuten, aber zum Zeitpunkt der Bearbeitung dieses Aufsatzes noch nicht sagen.)

Alltags- und vorwissenschaftliche Theorien gehen meist von der wissenschaftlich unbegründeten Annahme aus, daß Behinderte wegen „Defizits" auch in anderen Funktionsbereichen behindert seien (Budde 1988, S. 103 f.). So besteht die Vorstellung, daß eine schwere Behinderung auch psychische Folgen haben müsse. Solche Voreinstellungen beeinflussen das Verhalten von Interaktionspartnern – auch von Therapeuten.

Chronisch Kranke oder Behinderte nutzen psychische Bewältigungsstrategien. Beispielhaft seien aufgeführt (Budde 1988, Hahn 1994):

- *Verbergen oder Kaschieren.* Es bestehen vielfältige Möglichkeiten, eine chronische Krankheit oder Behinderung weniger auffällig sein zu lassen. Durch Kleidung können Behinderungen verborgen werden, durch Meiden der Öffentlichkeit oder von Sozialkontakten wird der Betroffene weniger unangenehmen Beobachtungen durch andere Menschen ausgesetzt.
- *Verleugnen der Behinderung.* Die Existenz einer Behinderung wird durch psychische Prozesse bestritten oder so relativiert, daß sie (relativ) bedeutungslos wird. Als Folge daraus kann es für den chronisch Kranken oder Behinderten weniger dringlich sein, notwendige und unbequeme Verhaltensänderungen durchzuführen bzw. ärztliche Anweisungen einzuhalten. Teilweise werden auch unwirkliche Weltbilder entwickelt, in die das eigene (Un-)Vermögen des Behinderten dann gut hineinpaßt. Unterlassen werden dann eher solche Sozialkontakte, die dieses Weltbild gefährden könnten.

- *Egozentrischer Umgang mit der Behinderung.* Von ewig infantilen Reaktionen bis zur ständigen Einforderung eines „Nachteilsausgleiches" wegen der Behinderung reicht das Spektrum der Reaktionen dieses Typs. Die Behinderung ist zwar bewältigt, aber in einer Form, die dem Behinderten subjektiv nützt. Eine häufig verwendete Technik des chronisch Kranken oder Behinderten besteht darin, bei den Personen in der sozialen Umgebung ein schlechtes Gewissen zu produzieren. Manche Personen vermeiden nach solchen Situationen weitere Kontakte mit dem Betroffenen. Dadurch werden „normale" Sozialkontakte beeinträchtigt.
- *Apathie:* Der Behinderte versucht nicht mehr, sein Leben zu meistern, sondern reduziert sich zum Objekt der Betreuung und Pflege. Dadurch verliert er den Spaß am Leben ebenso wie seine früheren Interessen.
- *Hoffnung:* Vorstellungen, daß in der Zukunft bessere Lebensbedingungen mit der Behinderung entstehen (z.B. durch Glück als „ausgleichende höhere Gerechtigkeit" oder als Folge bestimmter Planungen oder Maßnahmen).
- *Anerkennung der chronischen Krankheit oder Behinderung:* Realistische Einschätzung der eigenen Situation, nachdem mehrere Stadien der Behinderungsbewältigung durchlaufen wurden.

Diese Probleme können den Rehabilitationserfolg mitbestimmen (Bundesarbeitsgemeinschaft für Rehabilitation 1994b). Rehabilitationsfachkräfte müssen mit den unterschiedlichen psychischen Folgen der Krankheit angemessen umgehen. Krisen im Rehabilitationsprozeß können u.a. darauf beruhen, daß die Mitglieder des Rehabilitationsteams und der betroffene Mensch keine Übereinstimmung in den Zielen der Rehabilitation und/oder den geeigneten Maßnahmen zur Erreichung dieser Ziele gefunden haben (Budde 1988, S. 105).

Im übrigen beinhalten alle genannten Punkte mögliche zusätzliche Belastungen, die ihrerseits zur Entstehung von Krankheiten beitragen können. Entlastungen sind u.a. durch soziale Unterstützung möglich, die z.B. durch Selbsthilfegruppen geleistet wird (vgl. Hurrelmann 1988).

Mit einer chronischen Krankheit oder Behinderung sind nicht nur Nachteile für den betroffenen Menschen verbunden. Positive Effekte können den Wunsch auslösen, nicht mehr (völlig) gesund zu werden. Beispiele sind:

- Perspektive „Rente" statt Fortsetzung einer als belastend empfundenen beruflichen Tätigkeit.
- Entlastung von einer anstrengenden Tätigkeit als Hausfrau durch die Unterstützung der gesamten Familie.

Ein derartiger psychischer „Vorteil durch Krankheit" kann dazu führen, daß eine (ganz oder teilweise) erreichbare Wiederherstellung der Gesundheit für den Betroffenen nicht erstrebenswert ist. Somit kann auch nicht immer vorausgesetzt werden, daß jeder Patient nach weitestgehender Normalität strebt bzw. rehabilitative Zielsetzungen erreichen will.

Probleme der Rehabilitation können auch durch den Versuch entstehen, gesundheitlich bedingten Einschränkungen der individuellen Leistungsfähigkeit am Arbeitsplatz zu entgehen. Wird z.B. statt einer bisher ausgeübten qualifizierten Tätigkeit eine Anlerntätigkeit angenommen, können Chancen einer beruflichen Rehabilitation vertan werden.

In einer solchen Situation geht der betroffene Arbeitnehmer zwar zuvor bestehenden Konflikten aus dem Weg, bleibt beschäftigt und bezieht daraus einen Verdienst. Auch vermeidet er es, über seine chronische Krankheit oder Behinderung im Betrieb oder gegenüber anderen zu reden. Diese persönliche Problemlösung kann aber dazu führen, daß eine Förderung durch berufliche Rehabilitationsmaßnahmen abgelehnt wird[8].

Lilienthal (1994, S. 14ff.) fand mehrere Gründe, die bei älteren Menschen zur Ablehnung technischer Rehabilitationshilfen führen können, die grundsätzlich geeignet wären, dazu beizutragen, daß die betroffenen Menschen länger selbständiger leben könnten:

- Ablehnung von Änderungen in der Wohnung usw. Während die meisten jüngeren Behinderten dazu neigen, sich durch technische Hilfen unabhängig von persönlicher Hilfe zu machen, fällt es älteren oft schwer, notwendige Veränderungen in der persönlichen Umgebung zu akzeptieren.
- Ablehnung technischer Hilfen, die persönliche Defizite für andere erkennbar machen. Die betroffenen Menschen fühlen sich herabgesetzt oder stigmatisiert. Sie fürchten den Verlust von Sozialkontakten.
- Ablehnung, weil der Einsatz technischer Hilfen als erster Schritt zum Verlust der selbständigen Lebensführung gesehen wird.
- Fehlende Fähigkeit, bestehende Risiken in der eigenen Wohnumgebung angemessen einzuschätzen. Vielfach wird ein notwendiges Hilfsmittel erst dann angenommen, wenn schon Erfahrungen in einer kritischen Situation gemacht worden sind.
- Ablehnung aus Kostengründen.

Solche Vorstellungen können eine rechtzeitige und angemessene Hilfsmittelversorgung verhindern.

2.6 Schwerbehinderung und Rehabilitation

Leistungen zur Rehabilitation kann erhalten, wer die sozialversicherungsrechtlichen Voraussetzungen erfüllt (s. unten). Anerkannt schwerbehindert ist, wer nach Antragstellung vom Versorgungsamt einen Schwerbehindertenausweis (Grad der Behinderung mindestens 50%) erhält. Die Altersverteilung der anerkannten Schwerbehinderten zeigt, daß Fragen der beruflichen Eingliederung nur für eine Minderheit dieser Gruppe relevant sind: Nur ein Viertel der anerkannten Schwerbehinderten ist zwischen 15 und 54 Jahren alt, die Hälfte davon befindet sich in der Altersgruppe der 45- bis 54jährigen (Arbeitsgemeinschaft der deutschen Hauptfürsorgestellen 1994).

Man muß weder schwerbehindert sein, um Leistungen zur Rehabilitation zu erhalten, noch erhält jeder Schwerbehinderte ohne weiteres Leistungen zur Rehabilitation. Anerkannte Schwerbehinderte können Leistungen aufgrund des Schwerbehindertengesetzes erhalten, die ein anderer nicht erhält. Sofern auch die übrigen Voraussetzungen erfüllt sind, handelt es sich dabei um:

- Schaffung neuer Arbeits- und Ausbildungsplätze für anerkannte Schwerbehinderte,
- Anpassung vorhandener Arbeits- und Ausbildungsplätze an die sich aus der Behinderung des schwerbehinderten Beschäftigten ergebenden Notwendigkeiten,
- Zuschuß an den Arbeitgeber, wenn sich aus der Beschäftigung Schwerbehinderter außergewöhnliche Belastungen ergeben,
- Darlehen oder Zuschüsse an den Schwerbehinderten zur Gründung oder Erhaltung einer selbständigen Tätigkeit,
- Zuschuß zur Beschaffung eines Fahrzeugs, Übernahme der Kosten einer erforderlichen behindertengerechten Ausstattung.

Zusätzlich können z. B. Zuschüsse, Zinszuschüsse, Darlehen zur Beschaffung oder Anpassung von behinderungsgerechten Wohnungen gewährt werden.

Schwerbehinderte genießen nach dem Schwerbehindertengesetz einen besonderen Schutz am Arbeitsplatz sowie einen erweiterten Kündigungsschutz oder das Recht auf Ablehnung von Mehrarbeit (ohne Begründungszwang). (So muß der Arbeitgeber vor einer Kündigung von Schwerbehinderten nach dem Schwerbehindertengesetz in den meisten Fällen [Ausnahmen nach § 20 SchwbG] die Zustimmung der Hauptfürsorgestelle einholen. Tut er dies nicht, wird bei fristgerechter Klage vor dem Arbeitsgericht dort festgestellt werden, daß die Kündigung unwirksam war.) Als Vergünstigung besteht ein Anspruch auf einen jährlichen Zusatzurlaub in Höhe der Anzahl der Arbeitstage pro Woche.

Betriebe mit mehr als 15 Arbeitsplätzen müssen 6% ihrer Arbeitsplätze mit Schwerbehinderten besetzen. Die Arbeitsämter haben die Aufgabe, die Einhaltung dieser Beschäftigungspflicht zu überwachen. Würden die gesetzlichen Bestimmungen realisiert, gäbe es keine arbeitslosen Schwerbehinderten[9]. Die verfügbaren statistischen Unterlagen belegen aber den unzureichenden Effekt der bestehenden gesetzlichen Regelungen. Von 163600 beschäftigungspflichtigen Arbeitgebern mit rund 241700 Betrieben oder Dienststellen, die Schwerbehinderte in Deutschland beschäftigen müßten, haben

- 54200 (33% der Arbeitgeber) überhaupt keine Schwerbehinderten beschäftigt und
- nur 25900 (16%) Betriebe ihre Quote erfüllt oder übererfüllt (Arbeitsgemeinschaft der Deutschen Hauptfürsorgestellen 1994).

Die aufgrund der Pflichtquote vorgeschriebene Beschäftigung von Schwerbehinderten wird also von der Mehrzahl der Betriebe unterschritten und statt dessen die Ausgleichsabgabe bezahlt. Diese Nichteinhaltung der Beschäftigungspflicht ist im wesentlichen eine Folge betriebswirtschaftlicher oder quasi-betriebswirtschaftlicher Überlegungen, die von der Annahme ausgehen, daß die Folgen der Beschäftigung Schwerbehinderter teurer sind als die Kosten der Ausgleichsabgabe. Die Ausgleichsabgabe beträgt je Monat bei unterschrittener Pflichtquote für nicht mit einem Schwerbehinderten besetzten Pflichtplatz DM 200,-. Teilweise wird auch behauptet, es gäbe nicht hinreichend qualifizierte anerkannte Schwerbehinderte, um den Bedürfnissen des Arbeitsmarktes zu entsprechen. Vielfach besteht aber einfach nur Unkenntnis über das Leistungsvermögen Schwerbehinderter (vgl. auch Dalferth u. Mitarb. 1995).

Oft werden zwar langjährige Betriebsangehörige, die während ihrer Betriebszugehörigkeit schwerbehindert wurden, im Betrieb weiterbeschäftigt, aber bei Neueinstellungen Schwerbehinderte weniger berücksichtigt. (Nach Sadowski u. Frick 1992 [zit. nach Arbeitsgemeinschaft der Deutschen Hauptfürsorgestellen 1994] erhalten 75% der anerkannten und beschäftigten Schwerbehinderten ihren Schwerbehindertenstatus während eines bestehenden Beschäftigungsverhältnisses.) Auch nach erfolgreichem Abschluß einer überbetrieblichen beruflichen Rehabilitationsmaßnahme (z. B. in einem Berufsförderungswerk) ist die berufliche Eingliederung für anerkannte Schwerbehinderte schwieriger zu erreichen als für andere (vgl. Beiderwieden u. Wittwer 1994). Das sollte bei der Terminierung der Antragstellung für einen Schwerbehindertenausweis berücksichtigt werden.

Die Maßnahmen nach dem Schwerbehindertengesetz werden entweder von Hauptfürsorgestellen oder den Arbeitsämtern durchgeführt: Die Arbeitsämter unterhalten nach dem Schwerbehindertengesetz eine Stelle zur Arbeits- und Berufsförderung Behinderter. Damit verbunden ist die Verpflichtung, für jede zu besetzende Arbeitsstelle zu prüfen, ob dafür ein Schwerbehinderter in Frage kommt.

Der Schwerbehindertenausweis enthält für bestimmte Behinderungsauswirkungen besondere Kennzeichen[55], die zu besonderen Leistungen als Nachteilsausgleich wie Preisnachlässen oder kostenlosen Leistungen berechtigen (Bundesarbeitsgemeinschaft für Rehabilitation 1994 c).

- *Beispiele* sind:
  - „B" auf ständige Begleitung bei der Benutzung öffentlicher Verkehrsmittel angewiesen,
  - „G" gehbehindert (erhebliche Schwierigkeiten oder Gefahren beim gehen von 2 km bzw. einer Gehdauer von einer halben Stunde),
  - „aG" außergewöhnlich behindert,
  - „H" hilflos ist, wer nicht nur vorübergehend bei Aktivitäten des täglichen Lebens in erheblichem Umfang der Hilfe durch andere bedarf,
  - „Bl" Blind.

Eine vollständige Aufzählung befindet sich in: Arbeitsgemeinschaft der Deutschen Hauptfürsorgestellen (1992).

2.7 Art und Umfang von Leistungen zur Rehabilitation aus Mitteln der Sozialversicherungen

1991 sind in Deutschland für die Gesundheit 378 986 Mio. DM ausgegeben worden. Davon entfielen auf die

– gesetzliche Krankenversicherung	DM 181 422 Mio.,
– gesetzliche Unfallversicherung	DM 11 158 Mio.,
– Rentenversicherungen	DM 25 533 Mio.;

für:

– vorbeugende und betreuende Maßnahmen	DM 3 684 Mio.
– medizinische Behandlung	DM 35 464 Mio.
– Krankheitsfolgeleistungen, darunter für berufliche Rehabilitation	DM 13 673 Mio.
– Maßnahmen zur Sicherung des Lebensunterhaltes	DM 89 948 Mio.

(Statistisches Bundesamt 1994; Leistungen der Pflegeversicherung sind in diesen Angaben wegen des erst späteren Inkrafttretens der Pflegeversicherung nicht enthalten.)

Wer diese Leistungen erhält, ist für das Jahr 1991 nach Behinderungsursachen und Krankheitskategorien in den Abb. 2.**1** und 2.**2** dargestellt.

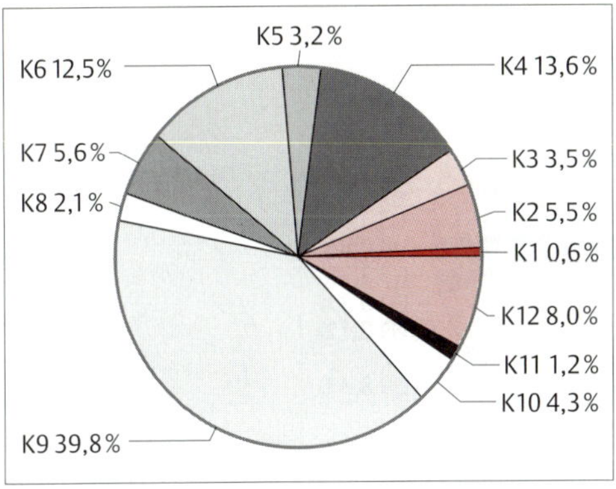

Abb. 2.**1** Rehabilitationsmaßnahmen 1991 nach Krankheiten (nach Statistisches Bundesamt 1994)
K1 infektiöse und parasitäre Krankheiten
K2 Neubildungen
K3 Störungen der Drüsen mit innerer Sekretion, Krankheiten des Blutes und der blutbildenden Organe
K4 seelische Störungen
K5 Krankheiten des Nervensystems und der Sinnesorgane
K6 Krankheiten des Kreislaufsystems
K7 Krankheiten der Atmungsorgane
K8 Krankheiten der Verdauungsorgane
K9 Krankheiten des Skeletts, der Muskeln und des Bindegewebes
K10 Schädelfraktur, Frakturen der Wirbelsäule, des Rumpfskeletts, der Extremitäten, intrakranielle Verletzungen
K11 traumatische Abtrennung von Gliedmaßen oder Teilen von Gliedmaßen (Amputationen)
K12 sonstige Verletzungen und Schädigungen

Medizinische Maßnahmen dominieren mit ca. $^3/_4$ aller Maßnahmen (ohne schulische Rehabilitationsmaßnahmen, die sich nur auf eine bestimmte eng umgrenzte Altersgruppe beziehen können) eindeutig (Abb. 2.**3**).

Betrachtet man die Maßnahmen nach Altersgruppen aufgeschlüsselt, wird deutlich, daß

a) die meisten Leistungen zur Rehabilitation in der Altersgruppe der 55- bis 65jährigen erfolgen, gefolgt von der Gruppe der 45- bis unter 55jährigen (Abb. 2.**4**),

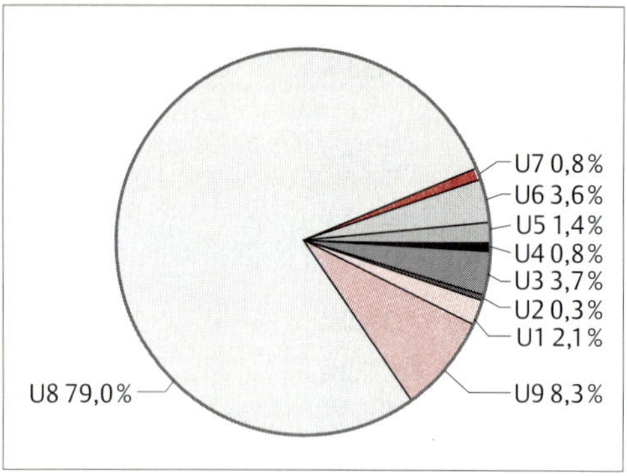

Abb. 2.**2** Ursachen der Rehabilitationsleiden bei Rehabilitationsmaßnahmen 1991 (nach Statistisches Bundesamt 1994)
U1 vor der Geburt entstandene Behinderung
U2 bei der Geburt entstandene Behinderung
U3 Arbeitsunfall
U4 Wegeunfall, Betriebswegeunfall
U5 Verkehrsunfall, häuslicher Unfall, sonstiger Unfall
U6 anerkannte Kriegs-, Wehrdienst- oder Zivildienstschädigung
U7 Berufskrankheit
U8 allgemeine Krankheit, einschließlich Impfschaden
U9 sonstige oder mehrere Ursachen

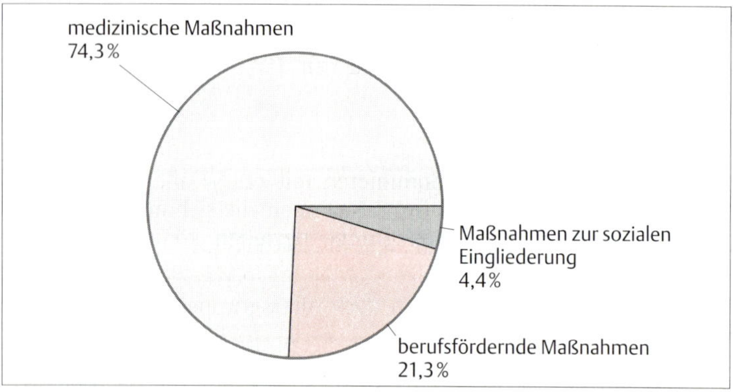

Abb. 2.**3** Anteil medizinischer, berufsfördernder und ergänzender Maßnahmen zur sozialen Eingliederung 1991 (nach Statistisches Bundesamt 1994)

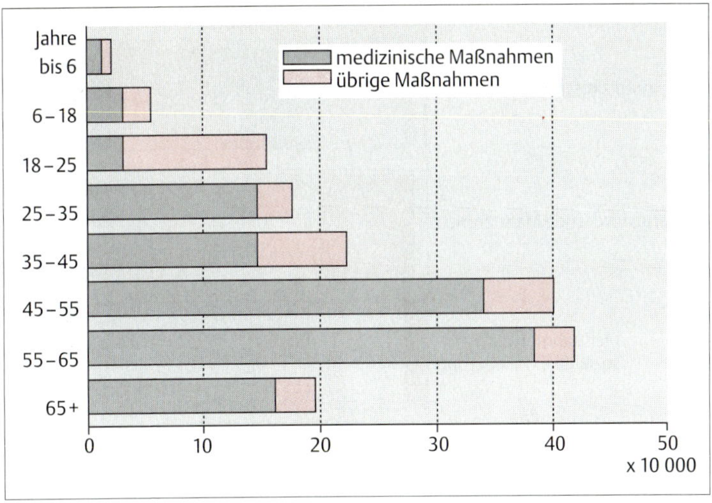

Abb. 2.**4** Medizinische Maßnahmen 1991 nach Altersgruppen (nach Statistisches Bundesamt 1994)

b) die über 45jährigen bei weitem an den meisten medizinischen Maßnahmen teilnehmen (Abb. 2.**5**),
c) der Schwerpunkt der berufsfördernden Maßnahmen eindeutig in der Altersgruppe der 18- bis 25jährigen bei absoluter und relativer Abnahme mit steigendem Alter (Abb. 2.**6**) liegt.

Lange Zeit war die Rehabilitation Behinderter vom Typ I durch das Kausalprinzip gekennzeichnet. Wichtig für Art und Umfang von Leistungen war die Ursache einer Behinderung. Daraus ergab sich auch die Zuständigkeit von Trägern. Insbesondere bei Geburts- und frühkindlichen Behinderungen gab es in vielen Fällen erhebliche Probleme, dem Behinderten eine angemessene Lebensperspektive zu geben.

Durch das Rehabilitationsangleichungsgesetz wurde 1974 das Kausal- durch das Finalprinzip abgelöst (Mrozynski 1986). Danach werden nicht länger aufgrund der Verursachung von gesundheitlichen Schädigungen ggf. Leistungen zur Rehabilitation gewährt: Der Anspruch auf Leistungen aus dem System der sozialen Sicherung ergibt sich allein aus den tatsächlichen oder drohenden gesundheitlichen Einschränkungen. Die Leistungen werden aufgrund der gesetzlichen Zuständigkeit der Kostenträger erbracht. Die Regelung der Zuständigkeit der Kostenträger ist für Außenstehende verwirrend, so daß sie daher möglicherweise einen

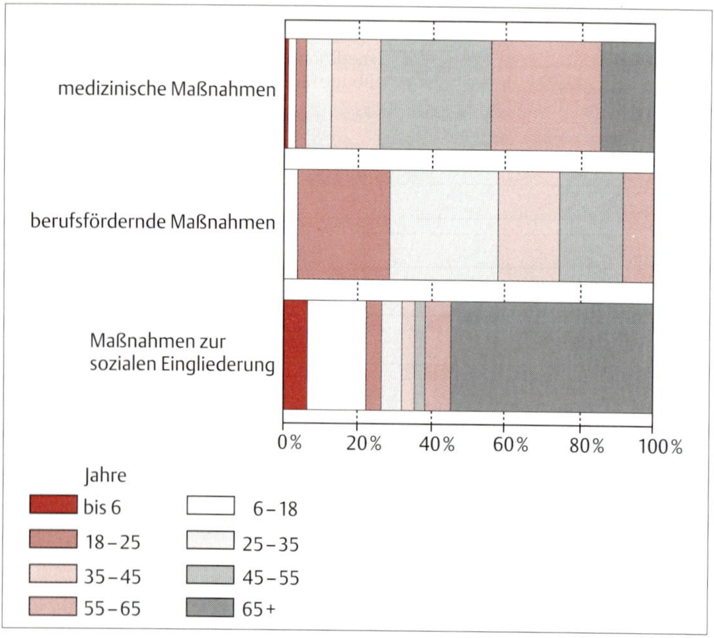

Abb. 2.**5** Anteil medizinischer, berufsfördernder und ergänzender Maßnahmen zur beruflichen Eingliederung 1991 nach Altersgruppen (nach Statistisches Bundesamt 1994)

Antrag auf Leistungen bei einem im konkreten Fall unzuständigen Träger von Leistungen der Sozialversicherung stellen. Daher ist vorgesehen, daß

- unzuständige Träger von Leistungen der Sozialversicherung ebenso wie (immer unzuständige) Gemeindeverwaltungen oder offizielle Vertretungen der Bundesrepublik Deutschland im Ausland Anträge entgegennehmen,
- die Anträge an den zuständigen Träger von Leistungen der Sozialversicherung weiterleiten.

Sind Leistungen von der Einhaltung von Terminen abhängig, gilt als Termin der Antragstellung die Abgabe des Antrags beim o. g. (unzuständigen) Träger (vgl. § 16 SGB I; Hauck u. Haines 1992).

Wenn auch die Leistungen bei unterschiedlichen Kostenträgern unterschiedlich sind: Alle haben grundsätzlich den gesetzlichen Auftrag, die Hilfe zu gewähren, die notwendig ist:

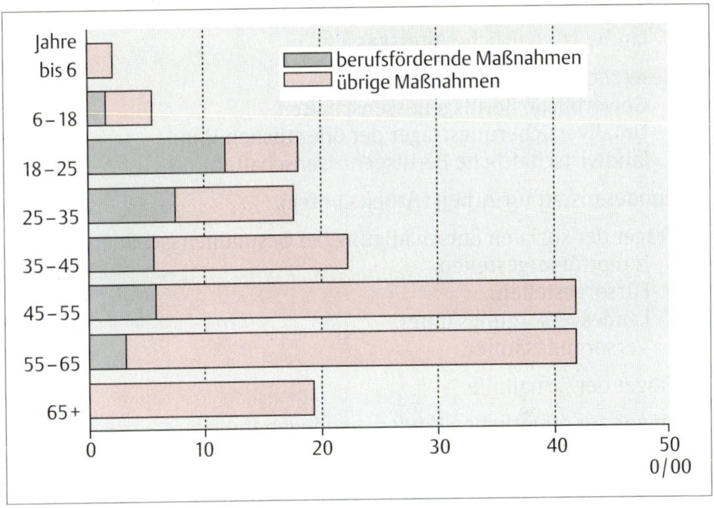

Abb. 2.**6** Berufsfördernde Maßnahmen 1991 nach Altersgruppen (nach Statistisches Bundesamt 1994)

„1. Die Behinderung abzuwenden, zu beseitigen, zu bessern, ihre Verschlimmerung zu verhüten und ihre Folgen zu mildern.
2. Ihm (dem Behinderten) einen seinen Neigungen und Fähigkeiten entsprechenden Platz in der Gemeinschaft, insbesondere im Arbeitsleben zu sichern" (§ 10 SGB I; Hauck u. Haines 1992).

Folgende Kostenträger erbringen Leistungen zur Rehabilitation:

- Gesetzliche Krankenversicherungen/Soziale Pflegeversicherung (da die Pflegeversicherung der Krankenversicherung „folgt", sind die Pflegekassen identisch mit den Krankenkassen).
  - Ortskrankenkassen,
  - Ersatzkassen für Angestellte und Arbeiter,
  - Betriebskrankenkassen,
  - Innungskrankenkassen,
  - See-Krankenkasse,
  - landwirtschaftliche Krankenkassen.
- Rentenversicherungsträger
  - Bundesversicherungsanstalt für Angestellte,
  - Landesversicherungsanstalten,
  - Bundesknappschaft,
  - Bundesbahn-Versicherungsanstalt,

- See-Kasse,
- landwirtschaftliche Alterskassen.

- Gesetzliche Unfallversicherung
  - Gewerbliche Berufsgenossenschaften,
  - Unfallversicherungsträger der öffentlichen Hand,
  - landwirtschaftliche Berufsgenossenschaften.
- Bundesanstalt für Arbeit (Arbeitsämter).
- Träger der sozialen Entschädigung bei Gesundheitsschäden
  - Hauptfürsorgestellen,
  - Fürsorgestellen,
  - Landesversorgungsämter,
  - Versorgungsämter.
- Träger der Sozialhilfe.
- Träger der öffentlichen Kinder- und Jugendhilfe.
- Private Kranken- und Unfallversicherungen.
- Träger der Beihilfe und Unfallfürsorge für Beamte.

Eine grobe Übersicht zur Zuständigkeit der Kostenträger für Leistungen zur Rehabilitation gibt Tab. 2.**2**[10].

Trotz der bestehenden Regelungen kann es Probleme bei der Zuständigkeit von Trägern geben. Damit rechtliche Unklarheiten nicht auf dem Rücken der Betroffenen ausgetragen werden, hat der Gesetzgeber die Möglichkeit der Vorleistung eingeräumt:

- für medizinische Rehabilitationsmaßnahmen: Für bei Rentenversicherungsträgern Versicherte der Rentenversicherungsträger, sonst bei Versicherten (bzw. deren mitversicherte Familienangehörige) die Krankenkasse, bei nicht Versicherten der zuständige Sozialhilfeträger;
- für schulische Rehabilitationsmaßnahmen: der zuständige Sozialhilfeträger;
- für berufliche Rehabilitationsmaßnahmen: das zuständige Arbeitsamt;
- für begleitende Hilfen im Arbeitsleben: Hauptfürsorgestellen;
- für ergänzende soziale Maßnahmen: der Träger der Grundvorleistung.

Dieser sinnvolle Ansatz führt leider nicht immer zur frühzeitigen Einleitung der erforderlichen Maßnahmen: Regelungen geben den evtl. zuständigen Trägern die Möglichkeit, ihre Zuständigkeit zu prüfen. Dadurch wird auch das gesetzliche Postulat der Nahtlosigkeit von Maßnahmen in vielen Fällen nicht realisiert. Naheliegend ist, daß sich daraus erhebliche Nachteile für den Antragsteller ergeben können (Bundesar-

Tabelle 2.2 Zuständigkeit der Kostenträger (nach Wolber)

Kostenträger[1]	Medizinische Rehabilitation	Schulische Rehabilitation	Berufliche Rehabilitation[2]	Ergänzende Maßnahmen zur sozialen Eingliederung[3]
Krankenversicherung	ja	nein	nein	ja
Pflegeversicherung	(ja[4])	nein	nein	ja
Rentenversicherung	ja	nein	ja	ja
gesetzliche Unfallversicherung	ja	ja	ja	ja
Bundesanstalt für Arbeit	nein	nein	ja	nein
Hauptfürsorgestellen	nein	nein	ja	nein
Sozialhilfe	ja	ja	ja	ja

[1] Die Zusammenstellung enthält nur die wichtigsten Kostenträger und nur grundsätzliche Zuständigkeiten. Insbesondere läßt sich die Zuständigkeit in jedem Einzelfall nicht herleiten.

[2] Bei Maßnahmen zur beruflichen Eingliederung Behinderter sind die Arbeitsämter grundsätzlich einzuschalten.

[3] Auch „soziale Rehabilitation" genannt. Die Leistungsmöglichkeiten verschiedener Kostenträger zur sozialen Eingliederung sind sehr unterschiedlich.

[4] Nur Leistungen zur ambulanten medizinischen Rehabilitation ausnahmsweise und vorläufig (Bundesarbeitsgemeinschaft für Rehabilitation 1994c, S. 87)

beitsgemeinschaft für Rehabilitation 1993, Bundesministerium für Arbeit und Sozialordnung 1994).

Jeder Träger von Rehabilitationsleistungen hat die Leistungen, für die er zuständig ist, vollständig zu erbringen. Das Spektrum der Leistungen zur Rehabilitation läßt sich nach § 29 Abschnitt 1 SGB I wie folgt umreißen:

„1. Medizinische Leistungen
   a) Ärztliche und zahnärztliche Behandlung,
   b) Arznei- und Verbandmittel,
   c) Heilmittel einschließlich Krankengymnastik, Bewegungs-, Sprach- und Beschäftigungstherapie,
   d) Körperersatzstücke, orthopädische und andere Hilfsmittel,
   e) Belastungserprobung und Arbeitstherapie, auch in Krankenhäusern, Kur- und Spezialeinrichtungen.
2. Berufsfördernde Leistungen, insbesondere
   a) Hilfen zur Erhaltung oder Erlangung eines Arbeitsplatzes,
   b) Berufsfindung, Arbeitserprobung und Berufsvorbereitung,
   c) berufliche Anpassung, Fortbildung und Umschulung, sonstige Hilfen zur Förderung einer Erwerbs- oder Berufstätigkeit auf dem allgemeinen Arbeitsmarkt oder in einer Werkstatt für Behinderte.
3. Leistungen zur allgemeinen sozialen Eingliederung, insbesondere Hilfen
   a) zur Entwicklung der geistigen und körperlichen Fähigkeiten vor Beginn der Schulpflicht,
   b) zur angemessenen Schulbildung einschließlich der Vorbereitung hierzu,
   c) für Behinderte, die nur praktisch bildbar sind, zur Ermöglichung einer Teilnahme am Leben in der Gemeinschaft,
   d) zur Ausübung einer angemessenen Tätigkeit, soweit berufsfördernde Leistungen nicht möglich sind,
   e) zur Ermöglichung und Erleichterung der Verständigung mit der Umwelt,
   f) zur Erhaltung, Besserung und Wiederherstellung der körperlichen und geistigen Beweglichkeit sowie des seelischen Gleichgewichts,
   g) zur Ermöglichung und Erleichterung der Besorgung des Haushalts,
   h) zur Verbesserung der wohnungsmäßigen Unterbringung,
   i) zur Freizeitgestaltung und zur sonstigen Teilnahme am gesellschaftlichen und kulturellen Leben.
4. Ergänzende Leistungen, insbesondere
   a) Übergangs- oder Krankengeld,
   b) sonstige Hilfen zum Lebensunterhalt,
   c) Beiträge zur gesetzlichen Kranken-, Unfall- und Rentenversicherung sowie zur BA,

d) Übernahme der mit einer berufsfördernden Leistung zusammenhängenden Kosten,
e) Übernahme der Reisekosten,
f) Behindertensport in Gruppen unter ärztlicher Betreuung,
g) Haushaltshilfe."

Wegen der möglichen Komplexität des Einzelfalles, der evtl. erforderlichen Einbeziehung mehrerer Kostenträger und der notwendigen Koordinierung des Rehabilitationsprozesses ist bei Maßnahmen vom Typ I ein Rehabilitations-Gesamtplan vorgesehen. In diesem Gesamtplan werden die wesentlichen Rehabilitationsziele und Schritte zur Zielerreichung festgehalten. Dieser Gesamtplan berücksichtigt die Startsituation bei Beginn des Rehabilitationsprozesses und wird fortgeschrieben. Dabei ist entscheidend, daß die gesamte Lebenslage des Behinderten berücksichtigt wird. Nur so können alle Faktoren einbezogen werden, die für einen erfolgreichen Abschluß der Rehabilitationsmaßnahme bedeutsam sind (Bundesministerium für Arbeit und Sozialordnung 1994).

Bei der Organisation von Rehabilitationsprozessen ist zu berücksichtigen, daß Leistungen zur Rehabilitation oft mehr als eine Fachrichtung umfassen. So gehören in Einrichtungen der medizinischen Rehabilitation zu einem vollständigen Rehabilitationsteam alle zu Diagnose und Therapie erforderlichen Fachleute (Arzt, Physiotherapeut, Logopäde, Ergotherapeut, Psychologe und Sozialarbeiter). Auf Teams basierenden Organisationsformen des patientenorientierten Handelns im Gegensatz zur hierarchisch organisierten Kommunikationsstrukturen sind bei Maßnahmen zur Rehabilitation vom Grundsatz her der Vorzug zu geben. Dadurch kann auf einfachste Weise gewährleistet werden, daß alle Aspekte der laufenden Behandlung direkt in die weitere Planung des Rehabilitationsprozesses einfließen und so auch die ggf. erforderlichen Modifikationen und Ergänzungen des Rehabilitations-Gesamtplanes so früh wie möglich erfolgen können. (Das Bundesministerium für Arbeit und Sozialordnung [1994] nennt bei der Zusammensetzung des „Basisteams" Psychologen nicht, die Bundesarbeitsgemeinschaft für Rehabilitation [1994b] zählt 19 Berufe als Mitglieder des Rehabilitationsteams auf.)

Der Teamgedanke drängt sich auf (vgl. Bundesarbeitsgemeinschaft für Rehabilitation 1994b , Kämmer 1994, Wöhrl 1989), er ist aber oft nicht zu realisieren[11]. Erforderlich ist jedoch die Zusammenarbeit aller am Rehabilitationsprozeß beteiligten Fachdisziplinen. Trotz dieser Forderung bleibt bei allen medizinischen Rehabilitationsmaßnahmen der Arzt für die Einleitung und Kontrolle von Maßnahmen verantwortlich[12].

Bei beruflichen Rehabilitationsmaßnahmen ist keine Berufsgruppe hervorgehoben, daher ist dort der Teamgedanke auch weiter verbreitet. Von der Aufgabenstellung her sind die Rehabilitationsberater der Einrichtungen zur beruflichen Rehabilitation prädestiniert, Teamsitzungen zu terminieren und zu moderieren (vgl. Wagner 1995).

Maßnahmen, die von Schulen ausgehen, werden typischerweise von Lehrkräften gesteuert. Auch bei Frühfördermaßnahmen fließt die Information im wesentlichen über die zuständige Lehrkraft.

Die Fachkompetenz aller möglichen einzubeziehenden Fachdienste darf nicht darüber hinwegtäuschen, daß für alle Rehabilitationsleistungen die aktive Mitarbeit bzw. Mithilfe des Betroffenen und/oder seiner Angehörigen erforderlich ist.

Arbeitshilfen zur Rehabilitation verschiedener Behinderungsarten sind von der Bundesarbeitsgemeinschaft für Rehabilitation zusammengetragen worden (Bundesarbeitsgemeinschaft für Rehabilitation 1994b. Arbeitshilfen der Bundesarbeitsgemeinschaft für Rehabilitation 1994c; s. auch Koch u. Mitarb. 1988).

2.8 Pflegeversicherung und Rehabilitation

Aufgrund der Untersuchung von Schneekloth u. Potthoff (1993) sind wir über den aktuellen Stand der Pflege vor Inkrafttreten der Pflegeversicherung informiert. Einige wichtige Punkte lassen sich wie folgt zusammenfassen:

Etwa 2% der Bevölkerung sind pflegebedürftig. Davon leben ca. 70% in Privathaushalten, davon haben $^1/_7$ ständigen und $^2/_5$ täglichen Pflegebedarf. Im Haushalt hilfsbedürftig und in Privathaushalten leben 2,7 % der Wohnbevölkerung, davon $^2/_5$ mit einem mehrmals täglichen Hilfsbedarf (Schneekloth u. Potthoff 1993, S. 61).

Abb. 2.**7** zeigt, daß der Anteil der Pflege- und der Hilfsbedürftigen mit dem Lebensalter überproportional ansteigt.

Die Behinderung, die zum regelmäßigen Pflegebedarf führte, trat in den in Tab. 2.**3** genannten Altersgruppen auf.

Wegen der höheren Lebenserwartung der Frauen und dem statistisch erhöhten Pflegebedarf mit wachsendem Lebensalter findet man unter den Pflegebedürftigen mehr Frauen als Männer. Diese Frauen leben eher alleine, was häusliche Pflege im Bedarfsfall kompliziert. Nahezu jede vierte pflegebedürftige Person in Ein-Personen-Haushalten erhält keinerlei Pflege aus Familie, Verwandtschaft oder Nachbarschaft (Schneekloth u. Potthoff 1993).

Frauen (meist Ehefrauen, Töchter und Schwiegertöchter) übernehmen ganz überwiegend die Pflege. Als Folge der Pflegetätigkeit haben ca. 15% ihre Berufstätigkeit aufgegeben und 12% (West) bzw. 21% (Ost) ihre Be-

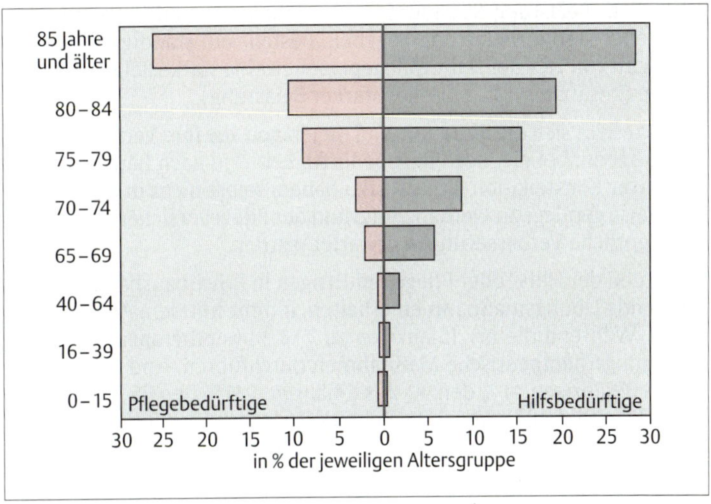

Abb. 2.**7** Hilfs- und Pflegebedarf nach Altersgruppen

Tabelle 2.**3** Altersgruppen der Behinderten mit regelmäßigem Pflegebedarf

Alter	% der Behinderten
0–15 Jahre	15
16–39 Jahre	6
40–64 Jahre	17
65–79 Jahre	30
80 Jahre und älter	20
„allmählich“	9
unbekannt	2

rufstätigkeit eingeschränkt, wobei in den alten Bundesländern 43% und in den neuen Ländern 16% nicht berufstätig waren und sich somit die Frage nach einer Koordination der Anforderungen aus Berufstätigkeit und Pflege nicht stellte. Männer, die die häusliche Pflege übernehmen, gehen fast unverändert ihrer beruflichen Tätigkeit nach.

Die Hauptpflegepersonen empfinden bei der Notwendigkeit von Pflege (im Gegensatz zur Hilfe) je nach zeitlicher Inanspruchnahme eine unterschiedliche Belastung. So ist für 51% eine sehr starke und für weitere 41% eine „eher starke“ Belastung gegeben. Besteht ein ständiger Pflegebedarf, wird von 78% der Hauptpflegepersonen eine starke Belastung empfunden (zusätzlich 19% mit eher starker Belastung).

Daraus ergibt sich die Situation, daß diejenigen, die ihre Verwandten gepflegt haben, bei eigener Pflegebedürftigkeit – je nach häuslicher und familiärer Konstellation – das Risiko haben, selbst nicht in angemessener Weise gepflegt zu werden. Aufgrund der Pflegeversicherung können hier deutliche Verbesserungen erwartet werden.

Der Anteil der Hilfs- oder Pflegebedürftigen in Privathaushalten, die aktivierende Übungsmaßnahmen erhalten, nimmt mit dem Alter eindeutig ab. Während die bis 15jährigen zu 71% physiotherapeutische oder bewegungstherapeutische Maßnahmen durchführen, sind dies bei den 16- bis 39jährigen 41%, den 40- bis 64jährigen 31%, den 65- bis 79jährigen 20% und den älteren 11%. Behindertensport oder Beschäftigungstherapie sind bei den über 65jährigen praktisch bedeutungslos.

Betrachtet man den Anteil der Pflege- oder Hilfsbedürftigen, die *jemals* in einer Spezialeinrichtung waren, ergibt sich für die Gruppe der 40- bis 64jährigen ein Anteil von 42–51%, die 65- bis 79jährigen kommen auf knapp 40%, knapp 20% der über 80jährigen haben im Verlauf ihres Lebens eine solche Maßnahme durchlaufen.

Der Grundsatz „Rehabilitation vor Pflege“ (Rehabilitation vom Typ II) betrifft vor allem die älteren Personen, die bisher die größten Defizite in einer Versorgung mit rehabilitativen Maßnahmen haben. Es wird sich zeigen, ob die Pflegeversicherung hier entscheidende Verbesserungen bewirken kann oder ob lediglich die Pflegeleistungen auf eine neue Grundlage gestellt werden. Gesetzlich vorgesehen ist, daß der Medizinische Dienst der Krankenversicherung (MDK) im Zuge des Prüfverfahrens von Leistungsanträgen an die Pflegekasse u.a. Vorschläge zur Prävention unmittelbar drohender Pflegeabhängigkeit, zur medizinischen Rehabilitation und zur Versorgung mit technischen Rehabilitationshilfen macht. (Nachrichten des Deutschen Vereins 1995. Erste Erfahrungen mit der Pflegeversicherung deuten darauf hin, daß dieser wichtige Aspekt in der Anfangsphase der Einführung der Pflegeversicherung weitgehend unberücksichtigt blieb.)

Die zur Vermeidung von Pflege erforderlichen medizinischen Leistungen sind durch die Kostenträger medizinischer Maßnahmen zu erbringen (Kostenträger ist also nicht die Pflegeversicherung!). Bei der Versorgung mit technischen Rehabilitationshilfen ist von einer Kostenbeteiligung des Versicherten auszugehen.

Die Rehabilitation vom Typ II steckt noch in den Kinderschuhen. Zwar gibt es schon vor Inkrafttreten der Pflegeversicherung einige Erfahrungen aufgrund von Modellprojekten (vgl. Bundesministerium für Arbeit und Sozialordnung 1994). Die Diskussion ist hier aber noch wesentlich von unterschiedlichen politischen Zielsetzungen während der parlamentarischen Behandlung und den Erwartungen von Interessenvertretern der pflegebedürftigen Behinderten gekennzeichnet (Hauschild [1994] hat auf die Kritik der Verbände reagiert, Jung [1994] begründete die Soziale Pflegeversicherung noch einmal ausführlich).

2.9 Informationen über die Rehabilitation

Die Vielfalt der Träger von Maßnahmen und des verfügbaren Leistungsspektrums muß für den chronisch Kranken oder Behinderten verwirrend und undurchsichtig sein. Gesetzliche Regelungen zur Abgabe von Anträgen bei unzuständigen Trägern helfen im Einzelfall weiter, indem diese verpflichtet sind, die Anträge an die richtige Stelle weiterzuleiten. Voraussetzung für Leistungen ist aber regelmäßig, daß ein Antrag gestellt wurde[13]. Diese formelle Voraussetzung muß genauso bekannt sein wie im Einzelfall mögliche oder sinnvolle Maßnahmen zur Rehabilitation.

Um die erforderliche Wegweiserfunktion sicherzustellen, wurden mit unterschiedlicher Zielsetzung Beratungs- und Informationsdienste aufgebaut: Beispiele sind die Beratungszentren mit umfangreichen Material zu technischen Rehabilitationshilfen (Sprekeler 1992) sowie die Stellen, die betroffenen Menschen Hinweise geben, welche Dienste den bestehenden Bedürfnissen entsprechende Leistungen der Hilfe und Pflege anbieten können[14]. Die Arbeitsverwaltung hat spezielle Beratungsangebote für Behinderte eingerichtet, die von der Beratung in Zusammenhang bei der Berufswahlentscheidung bis zur Einleitung und Durchführung beruflicher Rehabilitationsmaßnahmen reicht.

In den meisten Fällen erkennt der Arzt zuerst, daß Leistungen zur Rehabilitation erforderlich werden können. In diesen Fällen ist es wichtig, daß der zuständige Sozialversicherungsträger informiert wird und den Patienten berät und motiviert. Auf diese Weise können die notwendigen Maßnahmen zum frühestmöglichen Zeitpunkt eingeleitet werden (Ärztliche Anregungen zur Einleitung von Rehabilitationsverfahren durch Mitteilungen an die Krankenkassen sowie das Beratungsverfahren sind in § 92 [Kassenarzt] und § 112 [Krankenhausarzt], SGB V und ergänzender Vereinbarungen geregelt [Bundesarbeitsgemeinschaft für Rehabilitation 1994 b].)

Beratungsstellen der Kostenträger stehen als Informationsstellen auch dann zur Verfügung, wenn sie für konkret zu erbringende Leistungen nicht zuständig sind. Sie sind durch ein gemeinsames Signum gekennzeichnet (Gesamtvereinbarung über Auskunft und Beratung nach dem

Gesetz über die Angleichung von Leistungen zur Rehabilitation vom 1.7.1977 [Bundesarbeitsgemeinschaft für Rehabilitation 1994c]).

2.10 Maßnahmen zur Rehabilitation und Einrichtungen zu ihrer Durchführung

Die Bundesrepublik Deutschland hat in der Rehabilitation einen Standard erreicht wie kaum ein anderer Staat. Mit dem Beitritt der neuen Bundesländer erstrecken sich die Grundsätze und Strukturen der Rehabilitation auch auf dieses Gebiet – auch wenn noch Nachholbedarf besteht: Art und Umfang der Aufbauleistungen und Maßnahmen zur Qualifizierung der Fachkräfte lassen die Vermutung zu, daß die neuen Länder alsbald in diesem Punkt das Niveau der alten Länder erreicht haben. Die erreichte Qualität und Vielfalt von Rehabilitationsmaßnahmen im gegliederten System des sozialen Netzes kann aber kein Anlaß sein, auf eine Weiterentwicklung zu verzichten. Sowohl die Bundesregierung als auch die Bundesarbeitsgemeinschaft für Rehabilitation haben in ihren Berichten zahlreiche Anregungen und Empfehlungen zur Weiterentwicklung der Rehabilitation gegeben und auf eingeleitete Maßnahmen und noch bestehende Defizite hingewiesen (Bundesarbeitsgemeinschaft für Rehabilitation 1993, Bundesministerium für Arbeit und Sozialordnung 1994).

2.10.1 Medizinische Rehabilitation

Die meisten Rehabilitationsmaßnahmen beginnen durch Leistungen im Rahmen der medizinischen Versorgung. Dabei stehen zunächst vielfach akutmedizinische Fragestellungen (wie Überleben des Patienten und Schadensbegrenzung) im Vordergrund. Probleme einer rechtzeitigen und richtigen Versorgung können sich ergeben, z.B. weil der Patient und seine Angehörigen Alarmzeichen nicht richtig interpretiert haben (Bundesarbeitsgemeinschaft für Rehabilitation 1989) oder Rettungseinsätze nicht zur rechtzeitigen und richtigen Plazierung des Patienten führten.

Erst wenn die Krankheitsfolgen klar sind, können individuelle Maßnahmen zur Rehabilitation geplant und eingeleitet werden. Aufgrund von Erfahrungen sind allgemeine Grundsätze für bestimmte Behinderungsarten formuliert worden, die dann aufgrund der individuell bestehenden Rahmenbedingungen zu modifizieren und zu gestalten sind. Maßnahmen der Rehabilitation sind regelmäßig daran erkennbar, daß nicht nur kurative Zielsetzungen verfolgt werden, der Patient seine (passive) Krankenrolle aufgibt und selbst zum Handelnden wird (Bundesarbeitsgemeinschaft für Rehabilitation 1994b).

Ohne akuten Anlaß können Vorsorgeuntersuchungen und Früherkennungsuntersuchungen dazu führen, daß gesundheitliche Schädigungen frühzeitig erkannt werden. Durch Frühbehandlung sind auch die Aussichten für eine erfolgreiche Rehabilitation deutlich besser als ohne solche Maßnahmen[15]. Fichtner (1992) wies jedoch darauf hin, daß die Inanspruchnahme der Früherkennungsuntersuchungen (erstaunlicherweise) rückläufig sei. Frühfördereinrichtungen für Kinder bieten mit unterschiedlichen Schwerpunkten und in unterschiedlichen Organisationsformen ein interdisziplinäres Angebot, um allen Aspekten der bestehenden oder unmittelbar drohenden Behinderung fachlich adäquat entgegenwirken zu können. Durchgesetzt hat sich auch hier eine weitgehend ganzheitliche Orientierung unter Einbeziehung der Situation in der Familie. Dabei werden die Chancen genutzt, die sich daraus ergeben können, wenn die Eltern, aber auch andere Familienmitglieder, in die Notwendigkeiten des Rehabilitationsprozesses einbezogen werden (vgl. Bundesministerium für Arbeit und Sozialordnung 1994).

Insgesamt ist das System der medizinischen Rehabilitation durch ein hochdifferenziertes Angebot an medizinischen Leistungen gekennzeichnet, die sich an den speziellen Anforderungen von Art und Schwere einer chronischen Krankheit oder Behinderung orientieren. Als Grundsätze gelten dabei heute

- ambulant vor teilstationär
  und
- teilstationär vor stationär.

Mögliche Rehabilitationserfolge werden versäumt, weil die notwendigen Maßnahmen zu spät oder in Häusern erfolgen, die zu den erforderlichen Leistungen nicht imstande sind[16]. Die AOK Groß-Gerau hat die Funktion der Steuerung der Maßnahmen für eigene Patienten selbst übernommen und dabei gute Erfolge erzielt[17].

Arztpraxis

Die wichtigste Funktion des niedergelassenen Arztes ist es, präventiv tätig zu werden, indem er drohende Krankheiten oder Behinderungen so frühzeitig wie möglich erkennt und die notwendigen Maßnahmen zum frühestmöglichen Zeitpunkt einleitet. Auch kann er das Seine dazu beitragen, daß die Sozialversicherungsträger rechtzeitig informiert werden.

Rehabilitative Zielsetzungen erfordern umfassende Leistungen, die vom niedergelassenen Arzt in vielen Fällen nicht vollständig erbracht werden können. Dazu steht das gesamte System der Gesundheitsversorgung der Bundesrepublik Deutschland zur Verfügung. In den Fällen, in denen zur Rehabilitation ambulante medizinische Leistungen ausreichen, kann der niedergelassene Arzt in Zusammenarbeit mit niedergelassenen Therapeuten durch geeignete Hilfsmittelversorgung und die Einschaltung Sozialer Dienste Rehabilitationsziele erreichen. Auch bestehen in Kliniken oder Fachkliniken teilweise Ambulanzen, die die erforderlichen ambulanten Leistungen, die vom niedergelassenen Arzt nicht vollständig erbracht werden können, ergänzen.

Es ist die Aufgabe des niedergelassenen Arztes, bei chronischen Krankheiten und Behinderungen die medizinische Rehabilitation zu begleiten und auch nach Abschluß von Rehabilitationsmaßnahmen weiterhin mit dem Ziel tätig zu werden, eine erreichte Stabilisierung auf möglichst hohem Niveau zu erhalten bzw. eine unter den bestehenden Rahmenbedingungen verbesserte gesundheitliche Situation zu erreichen. Dazu sind selbstverständlich auch therapeutische Leistungen durch die als Mitglieder des Rehabilitationsteams genannten Berufe zu veranlassen. Als günstig erweist sich auch eine Zusammenarbeit der Ärzte mit Selbsthilfegruppen[18].

Niedergelassene Ärzte können als „Durchgangsärzte" im Rahmen der Versorgung von Fällen der gesetzlichen Unfallversicherungsträger eingeschaltet werden. In Gebieten mit geringer Arztdichte haben die Unfallversicherungsträger Beratungsfachärzte gewonnen, die den behandelnden Arzt bei Berufsunfällen unterstützen oder die Behandlung fortführen. Auch bei Leistungen zur medizinischen Rehabilitation anderer Sozialversicherungsträger werden niedergelassene Ärzte zur Begutachtung und Beratung eingeschaltet.

Sozialstationen und private Pflegedienste

Diese Dienste besuchen Betroffene zu Hause und führen dort die sog. Haus- und Familienpflege durch. Das Leistungsangebot umfaßt regelmäßig Kranken- und Altenpflege und darüber hinaus Essensversorgung, haushälterische Hilfen, Fahrdienste sowie Beratungs- und Lehrangebote für Familienangehörige (insbesondere zur Durchführung der häuslichen Hilfe und Pflege). Sozialstationen befinden sich überwiegend unter der Trägerschaft von Wohlfahrtsverbänden und kirchlichen Einrichtungen.

Mit der Einführung der ersten Stufe der Pflegeversicherung zum 1. April 1995 haben bislang pflegende Familienangehörige die Chance, die Leistungen dieser neuen Sozialversicherung in Anspruch zu nehmen und z. B. wieder regelmäßig berufstätig zu sein. Inwieweit diese Möglichkeiten genutzt werden, ist derzeit noch nicht absehbar.

Die Einführung des Grundsatzes „Rehabilitation vor Pflege" stellt auch an diese Dienste erhebliche neue Ansprüche. Da ihre Mitarbeiter von allen medizinischen Dienstleistern den häufigsten Kontakt zu den zu Pflegenden haben, können sie durch Anwendung entsprechender Pflegemethoden wesentlich zur Mobilisierung dieses Personenkreises beitragen. Kämmer (1994) fordert eine ressourcenorientierte Pflege, die gezielt die Möglichkeiten des Gepflegten zur Selbsthilfe einbezieht und fördert. Pflege ist so durchzuführen, daß den Bedürfnissen des Menschen entsprochen wird. So kommt es beim Essen nicht nur auf die Zufuhr von Lebensmitteln an, wichtig ist der mit dem Essen verbundene Genuß durch Sehen, Riechen, Schmecken. Hilfreich wäre auch, wenn sie dem Gepflegten und seinen Angehörigen kompetente Hinweise zur Durchführung von geeigneten Maßnahmen zur Rehabilitation geben könnten – so auch das gesetzliche Postulat. Gesetzlich sind für derartige Fragen die medizinischen Dienste der Kranken-/Pflegekassen zuständig. Diese können aber nur veranlassen, was ihnen bekannt ist.

Einrichtungen zur stationären medizinischen Rehabilitation

Die Leistungsfähigkeit des Krankenhauses im Rahmen rehabilitativer Zielsetzungen hängt mit den zur Verfügung stehenden rehabilitativ orientierten Berufsgruppen und ihrem Leistungsvermögen zusammen. In vielen Akutkrankenhäusern fehlt ein vollständiges Rehabilitationsteam. Dazu die folgenden statistischen Angaben: 1992 gab es in Deutschland insgesamt 1209 Vorsorge- oder Rehabilitationseinrichtungen mit insgesamt 149 910 Betten (Statistisches Bundesamt 1994; das sind 186 Betten pro 100 000 Einwohner) (Tab. 2.**4**).

Die Auslastung der Vorsorge und Rehabilitationseinrichtungen belief sich im Durchschnitt des Jahres 1992 auf 89,2%. Die durchschnittliche Verweildauer der Patienten betrug 31,0 Tage. Wenn pro 100 Betten eine Rehabilitationsfachkraft tätig ist, dann steht sie einem Patienten während eines Aufenthaltes durchschnittlich 1,5 Stunden zur Verfügung (wenn die gesamte Arbeitszeit „gedanklich“ dem Patienten gewidmet ist, man also davon ausgeht, daß jede durchgeführte Arbeit, Besprechung usw. patientenorientiert ist), entfallen auf Logopäden etwa 20 Minuten, auf Sozialarbeiter 45 Minuten und auf Physiotherapeuten 19,4 Stunden. Mitarbeiter in den sog. medizinischen Hilfsberufen sind zwar vorhanden, die Einschaltung eines Klinik-Psychologen oder eines Klinik-Sozialarbeiters ist oftmals nicht möglich. Eine umfassende Rehabilitation verlangt aber, daß familiäre, berufliche und soziale Fragen einbezogen werden (vgl. auch die Ergebnisse von Radebold [1995] und die Postulate der Bundesregierung [Bundesministerium für Arbeit und Sozialordnung 1994]).

Um bestimmten rehabilitativen Fragestellungen oder besonderen Leistungen aufgrund besonderer sozialversicherungsrechtlicher Rahmenbedingungen entsprechen zu können, gibt es verschiedene Fachkliniken

Tabelle 2.4 Personal in Vorsorge- und Rehabilitationseinrichtungen (Statistisches Bundesamt 1994, S. 475–476)

Berufsgruppen (Auswahl)	Anzahl gesamt	% des Personals	Anzahl pro Haus	Anzahl pro 100 Betten
Ärzte	6737	7,3	5,6	4,5
– davon mit abgeschlossener Weiterbildung	3971	4,3	3,3	2,6
Pflegekräfte	15 492	16,9	12,8	10,3
medizinisch-technischer Dienst	18 673	20,4	15,4	12,5
Physiotherapeuten	4112	4,5	3,4	2,7
Masseure	834	0,9	0,7	0,6
Masseure und medizinische Bademeister	4429	4,8	3,7	3,0
Logopäden	241	0,3	0,2	0,2
Heilpädagogen	195	0,2	0,2	0,1
Personal im Funktionsdienst	3038	3,3	2,5	2,0
Sozialarbeiter	780	0,9	0,6	0,5
Psychologen	1765	1,9	1,5	1,2
Gesamt	91 715	100,0		

oder Fachabteilungen in Allgemeinkrankenhäusern. In den letzten Jahren haben geriatrische Fachabteilungen oder Krankenhäuser Verfahren entwickelt, die den Risiken Rechnung tragen, die ein Älterer hat, wenn er in einem Akutkrankenhaus behandelt wird. Entscheidend ist dabei, daß ältere Menschen oft einer zielgerichtet aktivierenden Behandlung und aktivierenden Pflege bedürfen, um nach der Entlassung wieder den Aktivitäten des täglichen Lebens nachkommen zu können.

Rehabilitationskliniken kommen für den Personenkreis in Frage, der nach Art oder Schwere und/oder Auswirkungen der Behinderung lokal nicht ausreichend versorgt werden kann oder bestimmte klimatische Bedingungen oder besondere Kurmittel (z. B. Thermalbad) erforderlich sind. Wenn das persönliche Umfeld des Betroffenen das Erreichen von Rehabilitationszielen behindert und/oder ein vorübergehendes Herauslösen aus dem sozialen Umfeld im Rahmen der rehabilitativen Zielsetzungen erforderlich ist, kann ebenfall ein Aufenthalt in einer Rehabilitationsklinik durchgeführt werden. Am häufigsten erfolgt die Einweisung in eine Rehabilitationsklinik als Anschlußheilbehandlung, um nach der Versorgung in einem Akutkrankenhaus zeitnah medizinische Rehabilitationsmaßnahmen fortzusetzen. Rehabilitationskliniken sind typischerweise auf bestimmte Erkrankungen spezialisiert (z.B. Herz-, Kreislauferkrankungen, Suchterkrankungen).

Die Rentenversicherungsträger und die Krankenkassen haben teils eigene Häuser, teils Vertragshäuser.

BG-Unfallkliniken bzw. neuerdings auch Stationen in Allgemeinkrankenhäusern tragen in besonderem Umfang der Verpflichtung der gesetzlichen Unfallversicherungsträger Rechnung, Rehabilitation mit allen geeigneten Mitteln zu betreiben[19]. Dieser erhöhte Anspruch zeigt sich sowohl bei der Personalausstattung als auch bei der apparativen Ausstattung dieser Häuser, die als Einrichtungen der Maximalversorgung insbesondere im Bereich beruflich bedingter Unfälle und Berufskrankheiten tätig sind (z.B. Handverletzungen mit plastischer Chirurgie, Versorgung mit orthopädischen Hilfsmitteln usw.).

Verschiedene Formen teilstationärer Versorgung ergänzen das Versorgungsangebot. So gibt es z.B. für psychisch Behinderte Tages- und Nachtkliniken. Die Tagesklinik erbringt tagsüber die notwendigen umfassenden Rehabilitationsleistungen, während der Betroffene Abend und Nacht sowie das Wochenende in seiner Familie verbringt. Nachtkliniken ermöglichen die nächtliche Unterbringung, die Betreuung und Freizeitgestaltung abends sowie die am Wochenende. Tagsüber kann der „Patient“ einer beruflichen Tätigkeit nachgehen.

In allen Formen klinischer Versorgung hat der Klinik-Sozialdienst eine entscheidende Funktion bei der Gestaltung der Situation des Patienten nach der Entlassung. Bei Erkrankungen, die nach Art und Schwere Auswirkungen je nach häuslicher oder beruflicher Situation haben, sollten während der klinischen Unterbringung aller erforderlichen Aspekte (Wohnumfeld, berufliche Tätigkeit) berücksichtigt werden, die zur Wiederaufnahme eines möglichst normalen Lebens erforderlich sind. Hier gibt es z.B. hervorragende Erfahrungen bei der Rehabilitation Querschnittgelähmter und neuerdings auch bei geriatrischen Patienten[20].

Einrichtungen zur Sicherung der Pflege

In Deutschland gibt es derzeit ca. 650 Pflegeheime. Mit der wachsenden Lebenserwartung und der wachsenden Zahl älterer alleinstehender Menschen (Statistisches Bundesamt 1994) steigt auch die Chance, daß ein älterer Mensch irgendwann in seinem Leben einmal Pflege und ggf. einen Heimplatz in Anspruch nehmen muß (vgl. Abschnitt 2.8). Rehabilitation zur Vermeidung oder zum Hinauszögern dieser Situation bedeutet in den vielen Fällen eine deutliche Steigerung der Lebensqualität.

Im Rahmen von Modellprojekten sind eine ganze Reihe von interessanten Ansätzen, das Leistungsangebot für Pflegebedürftige bedarfsgerecht zu differenzieren, realisiert worden (Becker u. Mitarb. 1994, S. 67 ff.):

- *Tagespflegeeinrichtungen:* Es ist sinnvoll, daß diese Einrichtungen im Verbund mit Sozialstationen, stationären Einrichtungen und/oder Einrichtungen zum betreuten Wohnen stehen. In den Fällen, in denen eine ambulante pflegerische Versorgung zeitweise unterbrochen werden muß und statt dessen tagsüber eine teilambulante Pflege erforderlich wird, können durch einen solchen Verbund einige Probleme gelöst werden:
  - rechtzeitige Veranlassung der richtigen Form der Pflege,
  - Steuerung des Personaleinsatzes (ambulant/stationär) – allerdings müssen die Pflegeeinrichtungen wirtschaftlich abgegrenzt sein (Vollmer 1994).
- *Einrichtungen zur Kurzzeitpflege:* Diese Einrichtungen nehmen Pflegebedürftige ganztags auf. Ungünstig ist es, wenn Pflegebedürftige vorübergehend in einer stationären Pflegeeinrichtung für dauerhaft Pflegebedürftige untergebracht werden. Sie befürchten oft, dort auf Dauer untergebracht zu sein oder die Einrichtung nie mehr lebend verlassen zu können. In Einrichtungen zur Kurzzeitpflege wird demgegenüber deutlich gemacht, daß eine Pflege auf Dauer nicht möglich ist.
- *Betreutes Wohnen:* Wohnanlagen (Miet- oder Eigentumswohnungen) beinhalten neben sonst üblichen Leistungen auch die Möglichkeit oder die Verpflichtung, einen Betreuungsvertrag für die erforderliche Hilfe und Pflege abzuschließen. Die Wohnungen sollten behindertengerecht gestaltet sein.

Wohn- und Pflegeheime dienen der Unterbringung von Behinderten, die keiner besonderen medizinischen Behandlung, aber aufgrund einer eingeschränkten Selbständigkeit der Betreuung bedürfen. Für einen Teil der Betroffenen bieten diese Einrichtungen die Möglichkeit einer betreuten Unterbringung bei Beschäftigung im betreuten Rahmen (Werkstatt für Behinderte). Für einen anderen Teil werden die notwendigen Hilfen mit dem Ziel geleistet, schließlich wieder unter völlig normalen Rahmenbedingungen selbständig wohnen und arbeiten zu können. Pflegeheime dienen teilweise der Unterbringung von schwer Pflegeabhängigen mit äußerst eingeschränkten Möglichkeiten bei den Aktivitäten des täglichen Lebens, teilweise handelt es sich dabei um Ältere oder mehrfach Behinderte. Bisher realisieren einige Einrichtungen rehabilitative Ziele z. B. durch ein Stufentraining zur möglichst weitgehenden Verselbständigung.

Übergang von der medizinischen zur beruflichen Rehabilitation: Einrichtungen der zweiten Phase

„Einrichtungen der zweiten Phase" sollen eine Lücke zwischen den Leistungen zur medizinischen und beruflichen Rehabilitation schließen, indem sie die gesetzlich geforderte Nahtlosigkeit des Rehabilitationsverfahrens sicherstellen. In Phase-Zwei-Einrichtungen werden unter klinischen Rahmenbedingungen bereits berufsfördernde Leistungen zur Rehabilitation angeboten (Bundesministerium für Arbeit und Sozialordnung 1995).

Phase-Zwei-Einrichtungen können notwendige Voraussetzungen für nächste Schritte im Rehabilitationsprozeß schaffen: Beispiele sind:

- Eine aufgrund von Art und Schwere der Behinderung erforderliche besondere Grundausbildung (z. B. für Blinde).
- Wenn eine berufliche Neuorientierung angezeigt ist und dazu (von seiten des Kostenträger oder des Betroffenen selbst) noch Eignungsfragen offen sind, können auch Berufsfindungen- und Arbeitserprobungen[21] durchgeführt werden, die es grundsätzlich auch als Angebote beruflicher Rehabilitationseinrichtungen gibt.

Im Rahmen der Phase-Zwei-Einrichtungen werden auch in verschiedenen Spielarten Möglichkeiten des Trainings mit dem Ziel angeboten, zu einem späteren Zeitpunkt psychisch Behinderte möglichst unter den Wettbewerbsbedingungen und Anforderungen des normalen Arbeitsmarktes tätig werden zu lassen. Hierzu zählen Maßnahmen zur Wiederherstellung einer möglichst normalen Berufsfähigkeit, Hilfen bei der beruflichen Umorientierung, Trainingsmaßnahmen, die dem Eingangsbereich einer Werkstatt für Behinderte zuzuordnen sein würden, sowie Arbeitstraining.

In Übergangseinrichtungen werden psychisch Behinderte aufgenommen, die nicht mehr der medizinischen Behandlung bedürfen und in unterschiedlichem Grad arbeitsfähig sind. Ziel der Maßnahme in diesen Einrichtungen ist eine möglichst weitgehende Wiederherstellung der Selbständigkeit.

2.10.2 Schulische Rehabilitation

Die Schulen für Behinderte in der Bundesrepublik Deutschland sind ein historisch gewachsenes System mit einer Differenzierung nach bestimmten Behinderungskategorien. Auch die neuen Bundesländer folgten im Rahmen der nach dem Beitritt durchgeführten Schulreformen im wesentlichen dem Modell der alten Bundesländer. (Nach Angaben der Bundesregierung wird das aufgrund fehlender Fachkräfte bestehende Defizit in den neuen Ländern rasch aufgeholt [Bundesministerium für Arbeit und Sozialordnung 1994].) Dieses System von Sondereinrichtungen im Rahmen des allgemeinbildenden Schulsystems wird häufig als Musterbeispiel im Zusammenhang mit der Diskussion um Integration und Segregation herangezogen (s. Abschnitt 2.4). In den letzten 15 Jahren war eine deutlich verstärkte Tendenz zur Integration behinderter und nichtbehinderter Schüler zu beobachten[22].

Von allen Schülern zwischen 6 – 15 Jahren sind 4,18% behindert, davon:

- Blinde und Sehbehinderte 0,056%,
- Gehörlose und Schwerhörige 0,140%
- geistig Behinderte 0,644%,
- Lernbehinderte 2,451%,
- Sprachbehinderte 0,301%,
- Körperbehinderte 0,213%,
- Verhaltensgestörte 0,216%

(Angaben nach Bleidick [1992], ähnliche Prozentzahlen werden für die ehemalige DDR genannt).

Insgesamt gibt es in Deutschland im Schuljahr 1994/1995 rund 9757000 Schüler in 43941 allgemeinbildenden Schulen mit 656809 hauptberuflichen Lehrern, davon sind rund 380000 Schüler in 3395 Sonderschulen mit 57963 Lehrern (vgl. Statistisches Bundesamt 1994 und Bundesministerium der Justiz 1995). Somit kommen in Sonderschulen im Durchschnitt 6,2 Schüler auf einen Lehrer, im Durchschnitt aller allgemeinbildenden Schulen 14,2.

Die gewachsenen Strukturen lassen sich wie folgt grob umreißen (Bleidick 1992):

Schulen für Blinde und Schulen für Sehbehinderte

In Schulen für Blinde werden Kinder und Jugendliche aufgenommen, die entweder blind im Wortsinne sind oder deren Sehfähigkeit so reduziert ist, daß sie mit den Mitteln der Korrektur des Sehvermögens in wichtigen Situationen ebenso behindert sind wie Blinde. Ein Teil dieser Kinder ist jedoch imstande, aus etwa 1 m Entfernung Gegenstände wahrzunehmen. Gehör und Tastsinn müssen für Blinde und schwer Sehgeschädigte Funktionen übernehmen, die beim Sehenden von Augen übernommen werden und so Informationen aus der Umwelt gewinnen. Dafür sind spezielle Techniken entwickelt worden (z. B. die Brailleschrift; das Optacon als technisches Hilfsmittel, um Schwarzschrift in fühlbare Zeichen übersetzen zu können; Langstocktraining, das dem Blinden dabei hilft, sich in seiner Umgebung zu orientieren). Schulen für Sehbehinderte gibt es als Sondereinrichtungen oder als besondere Betreuungsform in allgemeinen Schulen. Die Schulsituation trägt dem Umstand Rechnung, daß eine eingeschränkte oder nicht vorhandene Sehfähigkeit nichts über die intellektuellen Fähigkeiten aussagt. Eine reduzierte Stimulation im visuellen Bereich bedeutet oft verminderte Lernchancen, die aber durch geeignete Förderung ausgeglichen werden können. Daher sind Blinde und Sehbehinderte grundsätzlich in allen Bildungsebenen des allgemeinen Schulsystems anzutreffen. Da Blinde vergleichsweise selten sind, kann eine entsprechende Ausdifferenzierung des Angebots fast nur in gesamtschulähnlichen Organisationsformen erfolgen, wobei sich erhebliche Wege zwischen Wohnort und Schule ergeben können. Deshalb bietet sich auch eine Internatsunterbringung an. Für Sehbehinderte ist eine Beschulung in Wohnortnähe an allgemeinbildenden Schulen möglich, wenn die entsprechenden sonderpädagogischen Leistungen durch entsprechende Fachlehrer additiv erbracht werden.

Schulen für Gehörlose und Schulen für Schwerhörige

In Schulen für Gehörlose werden solche Kinder aufgenommen, die vor dem Erlernen der Sprache taub geworden sind. Hinzu kommen später Ertaubte, deren Sprachentwicklung beeinträchtigt ist. Demgegenüber sind Schulen für Schwerhörige vom Grundsatz her für Kinder und Jugendliche zuständig, die in ihrer Hörfähigkeit so stark beeinträchtigt sind, daß sie auch mit Hörhilfen nicht am Unterricht teilnehmen können. Dadurch werden besondere pädagogische Hilfsmittel erforderlich, damit diese Schüler ihren Fähigkeiten entsprechend gefördert werden können. Diejenigen Schwerhörigen, die mit entsprechender apparativer Ausstattung in der Lage sind, Normalschulen zu besuchen, sollen dies auch tun.

Durch Frühförderung sollte für Gehörlose vor dem eigentlichen Schulbesuch – wenn möglich – eine Sprachanbahnung erreicht werden, die sich an den Kommunikationsstrukturen der hörenden Umwelt orientiert.

Schulen für Lernbehinderte und Schulen für geistig Behinderte

In diese Schulen werden intellektuell Retardierte aufgenommen. Die Trennlinie zu „Normalbegabten" kann nur als willkürlich bezeichnet werden. In ähnlicher Weise wird zwischen „geistig Behinderten" und Lernbehinderten unterschieden. Dies ist auch Anlaß zu erheblicher Kritik, zumal in vielen Fällen die intellektuelle Retardierung soziale Ursachen hat: Angehörige sozialer Randgruppen, die ihre Nachkommen unter verarmten Lernbedingungen aufwachsen lassen, stellen den Haupt-Anteil dieser Gruppe. Es gibt eine ganze Reihe von Hinweisen, daß die

Zugehörigkeit zu Randgruppen auch ursächlich dafür sein kann, daß die Umschulung des Kindes von einer Grundschule zur Schule für Lernbehinderte betrieben wird. Der in diesem Zusammenhang geäußerten Kritik steht allerdings entgegen, daß Lernbehinderte leistungsgemindert sind und im Rahmen einer Schule für Lernbehinderte eine deutlich bessere Förderung erfahren können, die zur Rückschulung in eine Bildungseinrichtung für Normale führen kann. Auch ist ein Hauptschulabschluß erreichbar, der bei einer Schulung in einer normalen Hauptschule eher unwahrscheinlich wäre. Trotz dieser Chancen bleibt die Schule für Lernbehinderte wegen der damit verbundenen sozialen Stigmatisierung im Blickpunkt der Diskussion. Der Begriff der „Dummenschule" steht in keinem Bezug zu dem in der Realität meßbaren Leistungsvermögen. Diese „objektiven Sachverhalte" sind unbedeutend für gesellschaftliches Ansehen.

Die Schule für geistig Behinderte betrifft im Gegensatz zu Schulen für Lernbehinderte einen Personenkreis, dessen Lernfähigkeit überwiegend aus physiologischen Gründen und vielfach in allen Bereichen der Lernfähigkeit herabgesetzt ist. Können bei Lernbehinderten durch mehr Wiederholungen und durch besondere pädagogische Maßnahmen oft noch normale Lernziele erreicht werden, kann dies bei geistig Behinderten nicht angenommen werden. Schwerpunkt der Schule für geistig Behinderte sind weniger kulturelle Bildungsziele als die Bewältigung des Alltags einschließlich einer Einführung in einfache berufliche Tätigkeiten (Mühl 1984).

Schulen für Körperbehinderte

Aufgenommen werden Schüler, deren körperliche Beeinträchtigung so erheblich ist, daß sie im Klassenverband einer allgemeinen Schule nicht gefördert werden können. Für diesen Personenkreis sind keine allgemeinen Richtlinien für eine Einweisung vorhanden. Häufig wird nur dann zu einer Aufnahme geraten, wenn schwere körperliche Mehrfachbehinderungen vorliegen, die erhebliche Auswirkungen auf schultypische Anforderungen haben.

Schulen für Sprachbehinderte und Schulen für Verhaltensgestörte

Beide Schultypen betreffen die Beschulung von Kindern mit ganz unterschiedlichen Krankheitsbildern. Gemeinsam ist beiden Sonderschulen die Zielsetzung, durch geeignete therapeutische Maßnahmen eine Rückführung von Schülern in das normale Schulsystem zu ermöglichen. Dazu werden neben der Vermittlung von Inhalten des Lehrplans einer Grundschule vielfältige Formen therapeutischer Behandlungen durchgeführt.

Sprachbehinderte werden nur dann in eine Sonderschule für Behinderte aufgenommen, wenn die Sprachbehinderung nicht Folge einer Behinderung ist, für die ein besonderer Schultyp zur Verfügung steht.

Um die Ursache einer Verhaltensstörung nicht weiter wirksam werden zu lassen, ist in vielen Fällen bei einer Einschulung in eine Schule für Verhaltensgestörte eine internatsmäßige Unterbringung sinnvoll. Damit wird aber gegebenenfalls eine ebenfalls wichtige Anbindung an das Elternhaus zeitlich befristet aufgegeben, was zu weitergehenden Problemen führen kann. In dieser Frage sind deshalb schwierige Entscheidungsprozesse unter Berücksichtigung aller Beteiligten erforderlich.

Weitere schulische Rehabilitationsmöglichkeiten

Zur schulischen Rehabilitation werden auch im Vorfeld der Einschulung durchgeführte Maßnahmen gezählt, die teilweise in der Wohnumgebung der Kinder und teilweise in Sondereinrichtungen durchgeführt werden.

Sonderkindergärten bieten durch kleinere Gruppen und besondere pädagogische Maßnahmen Chancen zur Förderung von Kindern, die behinderungsbedingt benachteiligt sind. In den Altersgruppen der Kindergartenkinder werden auch Möglichkeiten einer integrierten Betreuung von behinderten und nichtbehinderten Kindern gesehen. Dies geschieht durch verschiedene Formen, die von integrierten Gruppen bis zu gemischten Gruppen in bestimmten Situationen reichen (Kaplan 1992). Die Bundesregierung beurteilt die bisherigen Erfahrungen als positiv, weist aber auf die Tendenz hin, schwerer Behinderte eher von integrativen Versuchen auszuschließen (vgl. Bundesministerium für Arbeit und Sozialordnung 1994).

2.10.3 Berufliche Rehabilitation

Für Behinderte, die ohne ihre Behinderung berufstätig wären, ist die berufliche Eingliederung meist auch Ziel der Rehabilitation. In vielen Fällen sind berufliche Rehabilitationsmaßnahmen nicht nötig, weil dieses Ziel bereits durch medizinische und/oder schulische Maßnahmen erreicht wurde. Bei vielen schwerer Behinderten ist aber nach dem Schulabschluß eine „normale“ Lehre bzw. nach Abschluß der medizinischen Rehabilitationsmaßnahmen eine Rückkehr in den Vorberuf nicht ohne weiteres möglich. Berufliche Rehabilitationsmaßnahmen umfassen inhaltlich verschiedene Aspekte:

- Berufliche Bildungsmaßnahmen aller Art sowie erforderliche vorgeschaltete Maßnahmen (einschließlich der Unterstützung der Berufswahlentscheidung, Hinführung zu systematischem Lernen, Ausgleichen schulischer Defizite usw.).

- (Technische und/oder bauliche Maßnahmen) Anpassung der Arbeitsumgebung und Verbesserung der Erreichbarkeit des Arbeitsplatzes, technische Arbeitshilfen als Sonderfall technischer Rehabilitationshilfen.
- Individuelle Sondermaßnahmen aller Art (persönliche Hilfe in bestimmten Situationen; Einrichtung von Heimarbeitsplätzen auch z. B. in der Form, daß verwertbare Arbeiten im Bett liegend verrichtet werden können usw.).
- Leistungen zur Förderung der Arbeitsaufnahme.

Wenn eine berufliche Umorientierung erforderlich ist, ist die rehabilitative Strategie dadurch gekennzeichnet, daß berufliche Ziele ausgewählt werden, die eine optimale Übereinstimmung von individueller Eignung und Neigung mit den beruflichen Anforderungen ermöglicht, ohne daß die Behinderungsauswirkungen in relevanter Weise zum Tragen kommen können. Dabei sind Möglichkeiten ergänzender technischer Rehabilitationshilfen und baulicher Maßnahmen einzubeziehen.

Maßnahmen in Berufsbildungswerken, Berufsförderungswerken[23] und Werkstätten für Behinderte sind im wesentlichen schwerer Behinderten vorbehalten. Maßnahmen in diesen Einrichtungen werden nur dann gefördert, wenn ihre besonderen Dienste für den Rehabilitationserfolg erforderlich sind und die Maßnahmen nach festgelegten Kriterien gestaltet werden (Bundesministerium für Arbeit und Sozialordnung 1993 a, b). Betriebliche Maßnahmen haben grundsätzlich die gleiche Funktion wie überbetriebliche Maßnahmen in Berufsbildungs- und Berufsförderungswerken. Oftmals ist damit der Vorteil verbunden, daß das berufliche Training auf betriebsspezifische Kenntnisse ausgerichtet worden ist, mithin eine bessere Chance zum Verbleib im Betrieb gegeben ist.

In vielen Fällen finden außerhalb von jeder statistischen Feststellung betriebliche Maßnahmen zur Rehabilitation statt durch:

- Umsetzung auf einen geeigneteren Arbeitsplatz oder Schonarbeitsplatz (z. B. in der Pforte[24], der Poststelle oder der Materialverwaltung).
- Formelle oder informelle Regelungen innerhalb der Arbeitsgruppe oder des organisatorischen Teils des Betriebs, indem der stärker Leistungsgeminderte „mitgetragen" bzw. bei der Personalbemessung bei einer Abteilung oder Dienststelle der Grad der Leistungsminderung berücksichtigt wird. Dabei entstehen allerdings oft minderwertige Tätigkeiten oder Hilfsfunktionen, die oft nicht mit den Selbstwertvorstellungen der Betroffenen im Einklang stehen. Bei der Durchforstung der Betriebe nach Möglichkeiten der Kostenersparnis wurden viele dieser Arbeitsplätze gestrichen.

Individuelle Arbeitsplatzanpassungen und Möglichkeiten, den Arbeitsplatz zu erreichen, bedeutet für viele Schwerbehinderte eine Chance, berufstätig zu bleiben. Bei vorhandenen Arbeitsplätzen bezahlen die Hauptfürsorgestellen die erforderlichen Anpassungen für Schwerbehinderte, auch die Einrichtung eines vollständig neuen Arbeitsplatzes ist möglich.

Das zuständige Arbeitsamt ist einzuschalten, auch wenn die beruflichen Rehabilitationsmaßnahmen durch andere Sozialversicherungsträger finanziert werden. Die Arbeitsämter verfügen über die erforderlichen Kenntnisse der Situation und die absehbare Entwicklung auf dem Arbeitsmarkt. Diese werden bei der Formulierung des Zieles der beruflichen Integration berücksichtigt, um nach Beendigung der beruflichen Bildungsmaßnahme auch eine Integration in den Arbeitsmarkt wahrscheinlicher zu machen. Berufswahlentscheidungen können dabei durch ergänzende Maßnahmen unterstützt werden, insbesondere sind hier Maßnahmen der Berufsfindung und Arbeitserprobung zu nennen. Diese sind im wesentlichen für Fälle vorgesehen, in denen

- Fragen bezüglich der Eignung und Neigung für ein angestrebtes Berufsziel bestehen,
- der Betroffene sich nicht für eine berufliche Alternative entscheiden kann,
- der Betroffene Erfahrungen oder Einblicke in die angestrebten oder möglicherweise in Frage kommenden Berufe gewinnen soll,
- die Ausbildungs- oder Berufsfähigkeit generell in Frage steht,
- ganz konkrete Rahmenbedingungen einer etwaigen beruflichen Tätigkeit (z.B. ausbildungs- oder berufsvorbereitende Maßnahmen) festzulegen sind.

Berufliche Rehabilitation muß nicht in langwierigen Sonderverfahren bestehen. Möglich ist beispielsweise auch eine Förderung von Ausbildungsmaßnahmen oder die Einarbeitung für eine bestimmte berufliche Tätigkeit, die sich inhaltlich nicht von entsprechenden Maßnahmen für Nichtbehinderte unterscheiden oder die Beschaffung technischer Arbeitshilfen.

Spezielle Einrichtungen zur Durchführung von Maßnahmen der beruflichen Rehabilitation sind:

Berufsbildungswerke

Berufsbildungswerke sind überbetriebliche Einrichtungen für behinderte Jugendliche, für die neben der Berufsausbildung begleitende Hilfen und Betreuung durch Fachdienste erforderlich sind oder die auf dem allgemeinen Stellenmarkt für Auszubildende nicht unterkommen können. Ziel der Ausbildung ist es, eine Eingliederung auf dem allgemeinen Arbeitsmarkt zu ermöglichen. Behinderte, die nicht die umfassenden Hilfen benötigen und in den allgemeinen Ausbildungsstätten im dualen

System ausgebildet werden können, sollen nicht in Berufsbildungswerken ihre Erstausbildung erhalten. Jugendliche Behinderte, die wegen der Schwere ihrer Behinderung für eine geordnete Berufsausbildung nicht geeignet sind, sollen in einer Werkstatt für Behinderte aufgenommen werden, sofern die dort gegebenen Voraussetzungen erfüllt sind. Berufsbildungswerke bieten auch:
- Maßnahmen der Berufsfindung und Arbeitserprobung,
- berufsvorbereitende Lehrgänge, um die notwendige Ausbildungs- bzw. Berufsreife zu vermitteln.

Der Leistungsumfang beinhaltet auch:
- Gewährung von Hilfen zur persönlichen Entwicklung und zur ausbildungsbegleitenden Betreuung durch Ärzte, Psychologen, Rehabilitationsberater und andere gegebenenfalls erforderliche Fachkräfte.
- Vermittlung der beruflichen Kenntnisse in einer auf den Personenkreis abgestimmten Weise. Die allgemein gültigen Ausbildungsordnungen werden so umgesetzt, daß allgemein anerkannte Berufsabschlüsse erreicht werden können. Ist dies nicht möglich, gehört es zu den Aufgaben der Berufsbildungswerke, neue Ausbildungsgänge zu entwickeln und sie (entsprechend dem Berufsbildungsgesetz bzw. der Handwerksordnung) genehmigen zu lassen und durchzuführen.

Ziel der Berufsausbildung ist es ausdrücklich, jeden Behinderten entsprechend seiner Fähigkeit auszubilden. Dabei ist es besonders sinnvoll, Stufenausbildungen durchzuführen, um die höchstmögliche berufliche Qualifikation zu erreichen. Die Berufsbildungswerke haben die mit Abstand breiteste Palette an Ausbildungsberufen von allen Einrichtungen der beruflichen Rehabilitation. Die Ausbildung dauert zwischen 12 und 42 Monaten. Das Netz der Berufsbildungswerke umfaßt 47 Einrichtungen, davon 10 in den neuen Bundesländern einschließlich Berlins. Angestrebt wird eine Einrichtungsgröße von etwa 300 Plätzen. Das differenzierte Berufsangebot umfaßt folgende Berufsfelder:
- Wirtschaft und Verwaltung,
- Metalltechnik,
- Elektrotechnik,
- Bautechnik,
- Holztechnik,
- Textiltechnik und Bekleidung,
- Drucktechnik,
- Farbtechnik und Raumgestaltung,
- Körperpflege,
- Ernährung und Hauswirtschaft,
- Agrarwirtschaft,
- Berufe, die keinem Berufsfeld zuzuordnen sind (wie Korbmacher, Orthopädiemechaniker, Teilezurichter, Zahntechniker, Schuhmacher,

Bürstenmacher, Bandagist, Fachpacker, Textilreiniger, Gebäudereiniger (Bundesministerium für Arbeit und Sozialordnung 1993 b).

Berufsförderungswerke

Berufsförderungswerke dienen der beruflichen Rehabilitation von erwachsenen Behinderten[25], die überwiegend wegen einer gesundheitlichen Schädigung nicht mehr in der Lage sind, ihren erlernten Beruf oder ihre bisherige Tätigkeit auszuüben und die deshalb im Rahmen einer beruflichen Neuorientierung wieder beruflich eingegliedert werden sollen. Für Berufsförderungswerke wie für Berufsbildungswerke ist Voraussetzung, daß die Teilnehmer der besonderen Dienste der Berufsförderungswerke bedürfen und insbesondere nicht in allgemeinen Einrichtungen der beruflichen Bildung eine behinderungsadäquate Fortbildung oder Umschulung durchlaufen können. Ähnlich wie beim Berufsbildungswerk auch, stehen im Berufsförderungswerk eine Reihe ausbildungsbegleitender Dienstleistungen zur Verfügung, um dem Teilnehmer an der Maßnahme ein möglichst reibungsloses Erreichen der beruflichen Zielsetzung zu ermöglichen. Dazu gibt es regelmäßig medizinische und psychologische Dienste sowie einen Sozialdienst.

Sowohl im Berufsförderungswerk wie im Berufsbildungswerk gibt es behinderungsgerechte Möglichkeiten für eine Unterbringung im Internat. Zum Ausgleich und aus besonderen medizinischen Gründen werden Freizeit- und Sportangebote bis hin zu therapeutischen physiotherapeutischen Übungen angeboten. Insgesamt steht ein Netz von 29 Berufsförderungswerken zur Verfügung, davon in den neuen Bundesländern einschließlich Berlin sieben. (Davon gehörte ein [West-]Berliner Berufsförderungswerk schon vor dem Beitritt der neuen Länder zum Netz der Berufsförderungswerke der Bundesrepublik. Hinzugekommen ist ein weiteres in Berlin-Treptow.) Zwei Einrichtungen haben sich auf die Rehabilitation von Behinderten mit Erkrankungen des Stütz- und Bewegungsapparates spezialisiert und drei auf Blinde.

In den Berufsförderungswerken werden weniger unterschiedliche Ausbildungsabschlüsse angeboten als in Berufsbildungswerken. Das Ausbildungsangebot ist folgenden Berufsfeldern zuzuordnen:
- Wirtschaft und Verwaltung,
- Informatik und Datenverarbeitung,
- Maschinenbau und Feinwerktechnik,
- Elektrotechnik/Elektronik,
- Bautechnik,
- Gesundheitswesen,
- Sozialwesen,
- sonstige Berufe wie Chemielaborant, Polsterer, Schuhmacher, Goldschmied, Klavierstimmer, Ver- und Entsorger.

Es werden Berufsausbildungen auf Kammer-, Fachschul- und Fachhochschulebene angeboten (nur an der Fachhochschule Heidelberg des Berufsförderungswerkes Heidelberg; Bundesministerium für Arbeit und Sozialordnung 1993 b).

Werkstätten für Behinderte

Trotz der Wichtigkeit beruflicher Tätigkeit[26] muß betont werden, daß sich daraus die vielfältigsten Probleme für chronische Kranke und Behinderte ergeben können, die ohne persönliche Hilfe kaum bewältigt werden können.

Werkstätten für Behinderte sind für den Personenkreis konzipiert, der zwar imstande ist, ein Mindestmaß wirtschaftlich verwertbarer Arbeit zu erbringen, aber nicht unter den Wettbewerbsbedingungen des allgemeinen Arbeitsmarktes bestehen kann. Für einen Teil der dort tätigen Personen soll der Aufenthalt in der Werkstatt dazu dienen, sie stufenweise auf die Wettbewerbsbedingungen des allgemeinen Arbeitsmarktes so vorzubereiten, daß ein normales Anstellungsverhältnis aufgenommen werden kann.

In der Eingangsphase der Tätigkeit in einer Werkstatt für Behinderte wird zunächst die Eignung des Betroffenen für die Werkstatt festgestellt. Das anschließende Arbeitstraining soll es dem Betroffenen ermöglichen, entsprechend der eigenen Leistungsfähigkeit (Eignung und Neigung) und den Zielsetzungen der Werkstatt schließlich zu einem Mindestmaß verwertbarer wirtschaftlicher Tätigkeit zu gelangen. Daneben steht der Fürsorgegedanke für die in einer Werkstatt für Behinderte Tätigen. So beinhaltet das Arbeitstraining regelmäßig nicht nur ein rein berufliches Training, sondern umfaßt ebenso Maßnahmen zur Persönlichkeitsentwicklung.

Nach durchlaufenem Arbeitstraining bieten Werkstätten für Behinderte in erster Linie Arbeitsmöglichkeiten für schwer körperlich und geistig Behinderte an. Lernbehinderte können im Rahmen einer Ausbildung nach den vorhandenen Sonderregelungen oft einen Abschluß in einem Berufsbildungswerk erlangen. Besonders im Bereich der beschützenden Umgebung für psychisch Behinderte haben sich eine Reihe von Spielarten von Werkstätten für Behinderte entwickelt.

Solche Betriebe treten oft nicht als Werkstätten für Behinderte in Erscheinung, sondern sind nach kaufmännischen Grundsätzen tätig. Ihre Besonderheit liegt im Angebot beruflicher Tätigkeiten für Behinderte, die unter den Wettbewerbsbedingungen des Arbeitsmarktes kaum eine Chance hätten und die unter den überwiegend als stigmatisierend empfundenen Rahmenbedingungen in einer Werkstätte für Behinderte zudem unterfordert wären. Diese Einrichtungen bieten auf vielfache Weise

Überbrückungstätigkeiten bis zur Aufnahme einer normalen Berufstätigkeit (vgl. Badelt 1992). Der Vorteil für den Beschäftigten besteht darin, daß er sich aus einer nicht stigmatisierenden beruflichen Tätigkeit heraus auf einen „normalen“ Arbeitsplatz bewerben kann.

Für viele Jahre war mit einer Tätigkeit in einer Werkstatt für Behinderte der wesentliche Nachteil verbunden, daß die Einkünfte aus der beruflichen Tätigkeit nicht mit einem üblichen Arbeitseinkommen vergleichbar waren. Für viele bedeutete dies, daß zusätzlich Leistungen der Sozialhilfe erforderlich wurden. Hier ist mit Wirkung zum 1. Juli 1995 eine Änderung eingetreten: Unter der Bedingung, daß die sozialversicherungsrechtlichen Voraussetzungen erfüllt sind, können die in einer Werkstatt für Behinderte Tätigen eine Erwerbsunfähigkeitsrente erhalten[27]. Damit ist für einen Teil der in den Werkstätten für Behinderte Beschäftigten die Situation eingetreten, daß sie aus persönlichen Einkünften ihren Lebensunterhalt bestreiten können.

Sinnvoll wäre es, die Werkstätten für Behinderte durch einen Übergangsbereich zu erweitern, in dem die Beschäftigten auf den allgemeinen Arbeitsmarkt vorbereitet werden können (Bundesarbeitsgemeinschaft für Rehabilitation 1993).

2.10.4 Selbsthilfegruppen und Selbsthilfeeinrichtungen

Asam u. Heck (1992) haben die Aufgaben der Selbsthilfegruppen und ihre Arbeitsweise beschrieben.

Selbsthilfegruppen leisten notwendige Ergänzungen zu den professionellen Diensten und gleichen teilweise Lücken des Rehabilitationssystems aus. Wir unterscheiden die „alten“ großen Selbsthilfeverbände, die sich zu bürokratischen und flächendeckenden Institutionen entwikkelt haben, und die „neuen“ Selbsthilfegruppen, die lokal Betroffene zur Zusammenarbeit mit dem Ziel der Lösung gemeinsamer rehabilitativer oder gesundheitsfördernder Programme zusammenführten. So entstanden (Klein-)Gruppen, die z. B. folgende Funktionen haben (vgl. Bundesverband der Betriebskrankenkassen, Bundesarbeitsgemeinschaft Hilfe für Behinderte e. V. und der NAV-Virchowbund [undatiert]):

- Austausch von Erfahrungen mit bestimmten Methoden zur Rehabilitation.
- Weitergabe von Erfahrungen zu Möglichkeiten, mit der chronischen Krankheit oder Behinderung zu leben (Vorleben, Berichten, Erfahrungsmöglichkeiten geben).
- Gegenseitige soziale Unterstützung bei der Einhaltung medizinisch bedingter Verhaltensvorschriften (z. B. Einhalten einer Diät, Vermeiden von Alkohol).

- Kontaktmöglichkeiten (ohne Vorurteile), wie sie in „gewachsenen“ Wohnumgebungen durch die soziale Umgebung möglich, aber für Behinderte praktisch oft schwer zu realisieren sind.
- Emotionale Unterstützung und gegenseitiges Verständnis auf dem Hintergrund der eigenen „ähnlichen“ Erfahrung (vgl. v. Ferber 1988).
- Urlaubsadressen.
- Ausgleich der psychosozialen Mängel bei vielen Behandlungsformen chronisch Kranker und Behinderter.
- Chancen zur Entfaltung der Persönlichkeit.

Die wichtige Funktion der Selbsthilfegruppen wurde durch den Gesetzgeber dadurch berücksichtigt, daß die Möglichkeit ihrer finanziellen Unterstützung durch Krankenkassen besteht (SGB V, § 20, Abs. 3 a).

Darüber hinaus arbeiten überörtliche Zusammenschlüsse von Selbsthilfegruppen als Interessenvertretung an der Verbesserung der gesellschaftlichen und gesetzlichen Rahmenbedingungen ihrer Mitglieder.

Die Arbeitsweise der Selbsthilfegruppen wird durch die Mitglieder selbst festgelegt. Schwerpunkte der Tätigkeit orientieren sich gleichwohl an bewährten Modellen mit der Folge, daß in verschiedenen Gruppen
- Informationsaufgaben,
- Beratungsaufgaben,
- Gesprächsgruppen

überwiegen.

In ländlichen Gebieten rechnet man „statistisch“ mit einer Selbsthilfegruppe auf 1840 Einwohner, in Städten pro 1030 Einwohner. Selbsthilfegruppen tragen zu einer selbstbewußten Auseinandersetzung mit der Umwelt bei. Sie haben wesentlich dazu beigetragen, daß sich chronisch Kranke und Behinderte kaum noch verstecken (bzw. versteckt werden), sondern ihre Bürgerrechte einfordern.

Selbsthilfegruppen stützen sich überwiegend auf nicht-professionelle Arbeit von Mitgliedern.

Selbsthilfeeinrichtungen beziehen sich auf viele unterschiedliche Sachverhalte:
- Sicherung der Pflege,
- Schaffung geeigneter Wohnformen,
- Bereitstellung geeigneter Arbeitsplätze.

Sie sind eine Reaktion auf bestehende Probleme und/oder Bedürfnisse von Betroffenen. Dabei sind die Initiatoren oftmals professionelle Persönlichkeiten, die erkannt haben, daß die vorhandenen Möglichkeiten zur Rehabilitation abgerundet oder ergänzt werden müssen. So sind z. B.

psychisch Behinderte oft mit Vorurteilen konfrontiert, wenn sie aus einer Phase längerer Arbeitslosigkeit eine neue Stelle suchen. Selbsthilfeeinrichtungen ermöglichen dann u.a. einen beruflichen Wiedereinstieg, indem sie den Betroffenen die Chance eröffnen, aus einem Beschäftigungsverhältnis in ein anderes des normalen Arbeitsmarktes zu wechseln. Sie bieten Lernchancen, um Betroffene wieder an grundlegende Anforderungen einer Beschäftigung (wie pünktliche Arbeitsaufnahme, Durchstehen eines Arbeitstages) heranzuführen.

2.11 Zur individuellen finanziellen Absicherung des Teilnehmers an Rehabilitationsmaßnahmen

Die finanziellen Mittel zur Sicherung der wirtschaftlichen Grundlage des Teilnehmers an einer Rehabilitationsmaßnahme richten sich nach dem zuständigen Sozialversicherungsträger. So kann während der medizinischen Rehabilitationsmaßnahme Krankengeld, Verletztengeld, Versorgungskrankengeld oder Übergangsgeld gewährt werden. Während einer beruflichen Rehabilitationsmaßnahme kommen Übergangsgeld oder Ausbildungsgeld in Frage. Die Höhe des Betrages schwankt zwischen einem Taschengeld und einem (fiktiven) Nettoverdienst.

2.12 Rehabilitationserfolg

Was Rehabilitationserfolgt ist, hängt von festgelegten Rehabilitationskriterien ab. Diese lassen sich an verschiedenen Aspekten der Rehabilitation festmachen:

- *Einleitung* (Steuerung und Bewilligung):
  - Grad, zu dem bei der Planung von Maßnahmen alle relevanten Gesichtspunkte berücksichtigt werden,
  - Dauer bis zur Genehmigung von Maßnahmen,
  - Wartezeiten bis zur Durchführung von Maßnahmen,
  - Plazierung in einer Einrichtung mit angemessenem Leistungsvermögen[28].
- *Prozeß:*
  - Vollständigkeit der eingeleiteten Maßnahmen,
  - Anwendung von Verfahren, deren Erfolg belegt ist,
  - Abbrüche und deren Prävention,
  - Grad der Nahtlosigkeit von Maßnahmen (beim Übergang von einer medizinischen Maßnahme zur nächsten, beim Übergang von der medizinischen zur beruflichen Rehabilitation).
- *Ergebnis von Rehabilitationsmaßnahmen:*
  - Status des Teilnehmers an einer Maßnahme bei deren Beendigung,

- Grad, zu dem am Ende einer Maßnahme die angestrebten Ziele erreicht wurden,
- Häufigkeit der Wiederaufnahme einer stationären Behandlung wegen identischer Einweisungsdiagnose,
- Zeitraum zwischen Entlassung und der Wiederaufnahme einer stationären Behandlung wegen identischer Einweisungsdiagnose.

Leider gibt es für viele Aspekte der Rehabilitation keine allgemein verbindlichen Kriterien des Erfolges. Damit können Nachteile verbunden sein, die im Ergebnis dazu führen können, daß ein ursprünglich erreichbares Rehabilitationsziel vielleicht nicht mehr oder nur mit größerem Aufwand erreicht werden kann.

Kriterien des Erfolges beinhalten auch die Möglichkeit, unter Berücksichtigung theoretischer Kenntnisse aus den Disziplinen der Rehabilitation und anderer relevanter wissenschaftlicher Disziplinen weitere Erkenntnisse zu den Bedingungen des Rehabilitationserfolges zu erlangen. Grundsätzlich gibt es dazu:

- Angaben aus Expertensicht wie Diagnosen, Gutachten, Entlaßberichte, Einschätzungen usw. zur individuellen Situation des Betroffenen.
- Erkenntnisse zu den Rahmenbedingungen (z.B. Entwicklung von Wirtschaftsbereichen, die Gesamtwirtschaft, des Stellenmarkts).
- Angaben aus der Sicht des Betroffenen: Erfahrungen, Belastungen, Einschätzungen, Ziele, Vergleiche unterschiedlicher Therapie-, Lern- und Arbeitssituationen usw.
- Angaben aus Sicht der Angehörigen: z.B. Belastungen durch Pflege oder die Abklärung möglicher Maßnahmen, vermutete Belastungen des betroffenen Kindes, vermutete Interpretationen des in einer stationären Pflegeeinrichtung untergebrachten Elternteiles.
- Angaben von Personen, die für die Integration Behinderter bedeutsam sein können: soziales Umfeld, potentielle Arbeitgeber, Veranstalter von Ferienreisen usw.

Eine Form systematischer Erfolgsbeobachtung führt seit Jahren die Arbeitsgemeinschaft der Deutschen Berufsförderungswerke durch. Das wichtigste Erfolgskriterium einer beruflichen Rehabilitationsmaßnahme[29] besteht dabei unstrittig in der beruflichen Eingliederung der Absolventen. Dazu sind allerdings noch Präzisierungen erforderlich, wie z.B.:

- Vollzeitbeschäftigung/Teilzeitbeschäftigung/Arbeitsbeschaffungsmaßnahme/arbeitslos (warum?)
- Teilnahme an weiterführenden Qualifikationsmaßnahmen (Anzeichen einer fehlerhaften Plazierung im Rahmen der beruflichen Rehabilitationsmaßnahme oder Beleg für eine erfolgreich begonnene erste Stufe einer weiterführenden Ausbildung?)

- Entspricht die Dauer der Beschäftigung dem Wunsch des Absolventen?
- Ist die berufliche Tätigkeit typisch für Absolventen des Ausbildungsberufes?
- Ist der Absolvent in seinem Vorberuf tätig?

Die Arbeitsgemeinschaft Deutscher Berufsförderungswerke hat dabei den Weg einer schriftlichen Nachbefragung ihrer Absolventen gewählt. Dazu schreiben die Berufsförderungswerke ihre Absolventen zu einem definierten Zeitpunkt nach Abschluß der Maßnahme an und schicken einen einheitlichen Fragebogen zu. Aus den Antworten wird dann jährlich eine Statistik der beruflichen Eingliederung gebildet und veröffentlicht.

2.13 Weiterentwicklung der Rehabilitation

Das der Rehabilitation zugrunde liegende Werk von Gesetzen und Verordnungen, die sich daraus ergebenden Leistungsansprüche und Genehmigungsmöglichkeiten sowie Art und Umfang von Leistungen durch Leistungsanbieter unterliegen einem ständigen Wechsel der Zuständigkeiten und Wandel in vielen Detailfragen. Man kann also keinesfalls davon ausgehen, daß das jetzt bestehende System der Rehabilitation auf Dauer unverändert bleibt.

Wesentliche Interessen ergeben sich dabei aus:

a) der Umsetzung der europäischen Anforderungen in nationales (deutsches) Recht,
b) dem Vollzug der Zielsetzungen des Rehabilitationsangleichungsgesetzes einschließlich der Verbesserung der Zusammenarbeit der Träger von Leistungen zur Rehabilitation,
c) als notwendig empfundenen Anpassungen aufgrund knapper werdender Mittel der öffentlichen Haushalte bzw. einer zu hohen Staatsquote (Anteil staatlicher Ausgaben am Bruttosozialprodukt). Dadurch entsteht Druck auf eine Reduzierung der Leistungen zur Rehabilitation auf das Notwendigste[30], zur Entwicklung kostengünstiger Alternativen[31] und verstärkte Qualitätsanforderungen.
d) die Entwicklung der Altersstruktur (vgl. Band 3, S. 106 ff.),
e) Steuerung von Leistungen zur Optimierung des Erfolgs der eingesetzten Mittel der Sozialversicherungen und zur Verbesserung des Rehabilitationserfolges.

[1] Bei der Bewertung von Abweichungen von der Normalität ist von den Erwartungen auszugehen, die das Individuum aufgrund seiner konkreten Lebenslage in einer Gesellschaft hat. Wenn die Körpergröße der weit überwiegenden Anzahl der Erwachsenen zwischen 1,60 m und 1,95 m liegt, dann ist ein Mensch mit abweichender Körpergröße in verschiedener Hinsicht behindert: Er zieht Aufmerksamkeit auf sich, geeignete Möblierung ist nicht oder kaum verfügbar, es gibt Schwierigkeiten, geeignete Kleidung auf übliche Weise zu beschaffen, es ist schwierig oder gar unmöglich, ein geeignetes Auto zu finden usw. Normalität ergibt sich dabei nicht nur aus biologisch bedingten „Standard-Erscheinungsformen" von Individuen. Der Normalitätsbegriff ist auch wesentlich sozial bedingt. Dabei sind individuelle Aspekte (fühlt sich behindert) und kollektive Aspekte (wird behindert) bedeutsam (Brackhane 1988).
Ist es in einer Kultur üblich, daß Frauen von Kindheit an die Füße so zusammengebunden werden, daß ihr Wachstum gehemmt wird und die Füße schließlich nach unseren Maßstäben verkrüppelt sind, dann ist dies in dieser Gesellschaft „normal". Andersartigkeit ist also nicht allein durch physiologische Erkenntnisse bestimmbar. Gesellschaftlich definierte Normalität bestimmt auch ganz wesentlich Art und Umfang der bei der Rehabilitation chronisch Kranker und Behinderter für angemessen gehaltenen Maßnahmen.

[2] Im Wortsinne „behindert" kann man schon aufgrund einer vorübergehenden gesundheitlichen Beeinträchtigung sein. Behinderung im Zusammenhang mit Rehabilitation setzt aber eine nicht nur vorübergehende gesundheitliche Beeinträchtigung mit behindernden Auswirkungen voraus (vgl. Bundesministerium für Arbeit und Sozialordnung 1994). Solche Definitionen von „Behinderung" können nicht darüber hinweg täuschen, daß vielfach unklar ist, wie sich chronische Krankheit von Behinderung genau unterscheidet und wann beide Begriffe anzuwenden sind (Brackhane 1988). Bintig (1980) bezieht in seine Definition von Behinderung die (grundsätzliche) Rehabilitierbarkeit mit ein.

[3] Verschiedentlich auch „soziale Rehabilitation" genannt (vgl. Bundesarbeitsgemeinschaft für Rehabilitation 1993 mit dem Hinweis auf begriffliche Unklarheiten). Da die Zielsetzungen der Rehabilitation insgesamt begrifflich am ehesten unter „soziale Rehabilitation" gefaßt werden können, sollte der Begriff nicht für einen Teilaspekt der Rehabilitation angewandt werden.

[4] Der Behinderungsbegriff nach dem Schwerbehindertengesetz unterscheidet sich von dem in den übrigen gesetzlichen Grundlagen der Rehabilitation, indem nur tatsächliche Behinderungen (nicht drohende) Anerkennungs- und damit auch Leistungsvoraussetzungen sind.

[5] Das Mindestmaß an individueller Leistungsfähigkeit, das erforderlich ist, um Aussicht auf eine Beschäftigung – auch im beschützenden Rahmen – zu haben, ist sozial definiert und verändert sich aufgrund sich wandelnder Anforderungen des Arbeitsmarktes (vgl. Stadler 1995).

[6] Einen Eindruck kann die Gliederung der Sammlung „Technische Hilfen für Behinderte" des Berufsförderungswerkes Heidelberg vermitteln:
1 Haushalt, Alltag, Mahlzeiten, Kleidung
2 Körperpflege
3 Kommunikation
4a Geh- und Orientierungshilfen

4b Lifter und Umsetzhilfen
5 Rollstühle und Fahrgeräte
6 Auto und Verkehr
7 Physio- und Ergotherapie, Freizeit, Sport
8 Möbel
9 Bauen, Wohnen
10 Arbeitsplatz, Ausbildung

Daraus ergeben sich vielfältige interessante Problemlösungen aufgrund von Behinderungen, die die chronisch kranken und behinderten Menschen durch technische Rehabilitationshilfen unabhängiger von persönlichen Hilfen machen können.

7 Aus diesen Unfallverhütungsvorschriften soll insbesondere auf diejenigen hingewiesen werden, die laufende betriebsärztliche und sicherheitsmedizinische Überwachung regeln. 44 berufsgenossenschaftliche Grundsätze regeln die arbeitsmedizinischen Vorsorgeuntersuchungen.

8 Für den bei langjähriger Berufstätigkeit wahrscheinlichen Kostenträger „Rentenversicherung" besteht grundsätzlich folgende Situation:

- Der Betroffene genießt keinen Berufsschutz, weil er keiner hinreichend qualifizierten Tätigkeit nachgeht. Er hat sich von seiner qualifizierten Tätigkeit abgewendet. Es ist nicht erkennbar, daß dies aus gesundheitlichen Gründen erfolgte. Erkennbar wäre es z. B., wenn der (ehemalige) Arbeitgeber des Betroffenen dies bestätigen könnte. Das wird er aber nur dann können, wenn er über entsprechende Informationen verfügt.
- Wer keinen Berufsschutz genießt, hat keinen Anspruch auf Rente wegen Berufsunfähigkeit, wenn eine bestimmte berufliche Tätigkeit nicht mehr ausgeübt werden kann. Er kann statt dessen irgendeine berufliche Tätigkeit ausüben, mithin auf den allgemeinen Arbeitsmarkt verwiesen werden. Das bedeutet auch, daß jede Arbeitsstelle im Anlernbereich zumutbar ist. Wenn eine solche Arbeitsstelle nicht verfügbar ist, dann kann dies nicht als Risiko der Rentenversicherung betrachtet werden. Es besteht somit ggf. Anspruch auf Arbeitslosengeld oder Arbeitslosenhilfe, aber nicht auf Leistungen zur Rehabilitation; schließlich kann eine Tätigkeit ausgeübt werden. Für Berufstätige ohne Berufsschutz muß die chronische Krankheit oder Behinderung grundsätzlich so schwerwiegend sein, daß Erwerbsunfähigkeit besteht oder droht, um Leistungen zur Rehabilitation vom Rentenversicherungsträger zu erhalten. Diese Voraussetzung wird in den meisten Fällen bedeuten, daß Leistungen zur beruflichen Rehabilitation als nicht mehr erfolgversprechend betrachtet werden.

Hätte der Betroffene, als er aufgrund seiner gesundheitlichen Probleme dauerhaft erhebliche Schwierigkeiten hatte (oder diese Schwierigkeiten drohten), aus seiner qualifizierten Tätigkeit heraus einen Rentenantrag oder einen Antrag auf Leistungen zur Rehabilitation gestellt, dann hätte Berufsschutz bestanden. Bei Vorliegen der übrigen Leistungsvoraussetzungen könnten Leistungen zur beruflichen Rehabilitation gewährt werden.

9 ... weil die beschäftigungspflichtigen Unternehmen ca. 1,3 Mio. Schwerbehinderte (oder ihnen gleichgestellte Personen) beschäftigen müßten. Beschäftigt sind aber in diesen Betrieben nur etwa 790 000 Schwerbehinderte (oder ihnen gleichgestellte Personen). Hinzu kommen mindestens 110 000 in Betrieben, die

nicht unter die Beschäftigungspflicht fallen, beschäftigte Schwerbehinderte und ca. 120000 Schwerbehinderte in Werkstätten für Behinderte. Arbeitslos waren im Jahresdurchschnitt 1992 ca. 125000 Schwerbehinderte.
Ende 1994 waren in Deutschland 155560 Schwerbehinderte arbeitslos (ANBA 1995). Trotz noch fehlender Angaben der Arbeitsgemeinschaft Deutscher Hauptfürsorgestellen für 1994 muß davon ausgegangen werden, daß der seit Jahren bestehende Trend der immer geringer werdenden Einhaltung der Pflichtquote (1986 im Westen Deutschland 5,2% und 1992 4,4% in Gesamtdeutschland nur 4,3% [Arbeitsgemeinschaft der Deutschen Hauptfürsorgestellen 1994]) anhält.

[10] Änderungen wurden durch den Gesetzgeber in der Vergangenheit vorgenommen, damit ist auch in Zukunft zu rechnen. So wurde zum 1. 4. 1993 ein neuer Träger für die Rehabilitation psychisch behinderter Jugendlicher zuständig: Örtliche und überörtliche Träger der öffentlichen Jugendhilfe (Bundesarbeitsgemeinschaft für Rehabilitation 1994c), genauere Angaben (zu Leistungen und zur Einordnung des Rehabilitationsrechts) finden Sie in Band 3, S. 140ff.

[11] Siehe auch die auf S. 52 dargestellte Statistik zur Personalausstattung in Einrichtungen der medizinischen Rehabilitation. Daraus ist erkennbar, daß die notwendigen Ressourcen zur Bildung eines Teams nicht oder nicht ausreichend vorhanden sind. Damit fehlt eine wesentliche Voraussetzung zur Bildung von Rehabilitationsteams. Wenn diese Voraussetzungen gegeben sind, entscheiden die leitenden Ärzte aufgrund des von ihnen für angemessen gehaltenen Arbeitsstils (vgl. auch Bundesministerium für Arbeit und Sozialordnung 1994, Bundesarbeitsgemeinschaft für Rehabilitation 1994b).

[12] Radebold (1995) zieht aus den Ergebnissen der Kasseler Studie zur Rehabilitation von Schlafanfallpatienten u.a. die Konsequenz: „Die notwendige Gesamtbehandlung unter Einbeziehung physischer, psychischer und sozialer Aspekte kann nur in einem (gleichberechtigten) Team erfolgen, damit die einzelnen Behandlungsmöglichkeiten eigenverantwortlich und aufeinander abgestimmt durchgeführt werden können."

[13] Es gibt Ausnahmen: Ist dem zuständigen Sozialhilfeträger (Eingliederungshilfe für Behinderte) oder einer beauftragten Stelle bekannt, daß die Voraussetzungen für Leistungen zur Rehabilitation durch den Sozialhilfeträger vorliegen, muß er von Amts wegen tätig werden (Bundesarbeitsgemeinschaft für Rehabilitation 1994c). Die Pflegekasse kann eine Information, die ihr mit Zustimmung des Versicherten zugeht, als Antrag werten (Vogel 1994).

[14] So sind die IAV (Informations-Anlauf-Vermittlung)-Stellen in Baden-Württemberg ein Beratungsdienst, der individuell berät und auf Wunsch Leistungen geeigneter Dienste vermittelt. In Karlsruhe ist die IAV im Rahmen eines Projektes durch ein lokales Informationsnetz u.a. mit Herstellern technischer Rehabilitationshilfen, den Diensten der Wohlfahrtsverbände und Selbsthilfegruppen verbunden.

[15] Es gibt aber immer noch Bereiche, in denen die gegenwärtig angewendeten Methoden unzureichend sind. So gibt es z.B. keine einfachen Möglichkeiten zur Diagnose von Seh- und Hörstörungen. Bei rechtzeitiger Versorgung mit Hörgeräten kann eine relativ normale Sprachentwicklung angebahnt werden, die im 6.–8. Lebensmonat einsetzt. Wird dieser Zeitpunkt versäumt, muß als Folge auch mit Defiziten in der kognitiven Entwicklung gerechnet werden.

[16] Während Fehlsteuerungen bei jüngeren Patienten eher bedauerliche Einzelfälle sind, wird bei der Behandlung älterer Patienten eher ein größeres Problem gesehen (vgl. Fuhrmann 1992 oder Görres 1992). Radebold (1995) zeigte am Beispiel von Schlaganfallpatienten auf, daß eine rehabilitativ orientierte Behandlung gute Erfolge aufweisen kann. Dagegen haben von 770 Patienten nach einer Behandlung in einem Akutkrankenhaus nur 31% Physiotherapie und niemand Ergotherapie erhalten.

[17] In der Berichterstattung sind dabei insbesondere die geringeren Kosten hervorgehoben worden (Jochheim 1994). Es ist jedoch davon auszugehen, daß damit auch verbesserte Rehabilitationserfolge verknüpft sind. Es kostet eben weniger, wenn der Patient so entlassen wird, daß er den Anforderungen des täglichen Lebens gewachsen ist und nicht bei der nächsten Gelegenheit dekompensiert und wieder in ein Krankenhaus eingeliefert werden muß.

[18] Bundesverband der Betriebskrankenkassen, Bundesarbeitsgemeinschaft Hilfe für Behinderte e.V. und der NAV-Virchowbund (undatiert). Dabei ist insbesondere der Hinweis auf die „gewohnte" Definitionsmacht des Arztes bezüglich aller medizinischen Verordnungen im Spannungsfeld mit selbstbewußten Mitgliedern von Selbsthilfeeinrichtungen interessant, die sich zu Experten in der eigenen Krankheit entwickelt haben. Daraus können sich Lernchancen für Ärzte eröffnen.

[19] Die übrigen Kostenträger müssen „nur" eine ausreichende, zweckmäßige und wirtschaftliche bzw. notwendige und das erforderliche Maß nicht übersteigende Versorgung gewährleisten (vgl. für die Krankenversicherung SGB V, 12, 1).

[20] Nikolaus u. Mitarb. (1995) berichten, daß sie bei geriatrischen Patienten, die vor der Einweisung ins Krankenhaus zu Hause gelebt hatten und deren selbständige Lebensführung durch eine Akuterkrankung bedroht war, die häuslichen Gegebenheiten in die Behandlungsplanung einbezogen haben. Daraus ergaben sich u. a. folgende Konsequenzen:
- Verschiebung des Entlassungstermins,
- Feststellung, daß eine Rückkehr nach Hause nicht möglich war und Alternativen entwickelt werden mußten,
- neue Probleme wurden während des Hausbesuches entdeckt, die von Maßnahmen zur Erhöhung der Sicherheit bis zur Feststellung der Notwendigkeit baulicher Veränderungen reichten.

In einem Besuch 3 Monate nach der Entlassung wurde festgestellt, daß der Nutzungsgrad der verordneten Hilfsmittel gut war.

[21] Berufsfindung und Arbeitserprobung dienen neben anderen Maßnahmen zur Abklärung von Eignung und Neigung des Teilnehmers im Vorfeld beruflicher Rehabilitationsmaßnahmen.

[22] Beispiele sind Kooperationen zwischen Sonderschulen und Regelschulen durch gemeinsamen Unterricht in bestimmten Fächern, Aufnahme einzelner behinderter Kinder aus der Nachbarschaft in Regelkindergärten. Einige Bundesländer versuchen auf verschiedene Weise eine Integration der Behinderten in das allgemeine Schulwesen, während andere Länder auf dem bestehenden System beharren (vgl. Bleidick 1992).

[23] Allerdings gibt es auch hierzu Ausnahmen. So werden im Berufsförderungswerk Heidelberg auf Fachschul- und Fachhochschulebene Programme angebo-

ten, die „freien" Schülern und Studenten genauso offen stehen wie Teilnehmern an Maßnahmen der beruflichen Rehabilitation.

24 Eine Tätigkeit in der Pforte galt lange Zeit als Musterbeispiel einer Tätigkeit, auf die die meisten gesundheitlich eingeschränkten Arbeitnehmer (oder Arbeitsuchende) verwiesen werden konnten. Dies hat sich geändert, da heute mit einer Pförtnertätigkeit oft auch kaufmännische Arbeiten oder Bewachungstätigkeiten verbunden sind. Damit sind oft deutlich erhöhte Anforderungen an diese Tätigkeit gebunden.

25 Der Behindertenbegriff sagt lediglich aus, daß eine Fortsetzung der beruflichen Tätigkeit aus gesundheitlichen Gründen nicht mehr möglich ist oder die Berufsaufgabe droht. Ein Bäcker mit Mehlallergie fällt grundsätzlich unter diesen Behinderungsbegriff, was nicht unbedingt bedeutet, daß er in einem Berufsförderungswerk umzuschulen ist.

26 Die beruflichen Fähigkeiten und Fertigkeiten eines chronisch Kranken oder Behinderten werden oft erst dadurch verwertbar, daß alle erforderlichen Hilfen zur Erreichung des Arbeitsplatzes bereitgestellt werden und der Arbeitsplatz so gestaltet wird, daß die gewünschten Funktionen auch mit hinreichender Geschwindigkeit und Genauigkeit ausgeführt werden können. Die Wohnung läßt sich in ähnlicher Weise für die privaten Belange gestalten. Beliebige Aktivitäten durchführen zu wollen, setzt jedoch ganz andere Anstrengungen voraus. Der Alltag steht natürlich im Vordergrund für alle chronisch Kranken oder Behinderten, die nicht in dem Alter sind, in dem „man" berufstätig ist. Mit der wachsenden Zahl älterer Menschen steigt auch die Anzahl derer, die jenseits beruflicher Produktivität trotz chronischer Krankheit(en) oder Behinderung(en) ein würdiges Leben führen wollen. Dazu gehört vor allem die Vermeidung von Pflegeabhängigkeit.

27 Ungereimtheiten können dadurch entstehen, daß nach Annahme einer „normalen" Tätigkeit die Anspruchsvoraussetzungen für eine Erwerbsunfähigkeitsrente entfallen können. Daraus kann sich der Nachteil für den Betroffenen ergeben, daß die Einkünfte erheblich sinken (Bundesvereinigung Lebenshilfe 1994).

28 Definition aufgrund der gesetzlichen Leistung. Aufgrund § 12 Gesundheitsreformgesetz müssen Leistungen „ausreichend, zweckmäßig und wirtschaftlich" sein; sie dürfen das Maß des Notwendigen nicht überschreiten. Leistungen die nicht notwendig oder wirtschaftlich sind, können Versicherte nicht beanspruchen, dürfen die Leistungserbringer nicht bewirken und die Krankenkassen nicht bewilligen. Demgegenüber haben die Träger der gesetzlichen Unfallversicherung die Verpflichtung, für ihre Leistungsberechtigten auch Rehabilitationsmaßnahmen „mit allen geeigneten Mitteln" durchzuführen bzw. durchführen zu lassen.

29 Siehe Ziele der Rehabilitation. Die Berufsförderungswerke könnten sich natürlich auch auf die Position zurückziehen, berufliche Rehabilitation zu betreiben und ihren Erfolg mit geringen Abbruchquoten und der Anzahl ausgestellter Abschlußzeugnisse belegen. Dieses sind auch Erfolgskriterien. Sie stellen aber nur Zwischenziele der Rehabilitation dar. Deshalb ist die berufliche Eingliederung das beste Erfolgskriterium für Maßnahmen vom Typ I.

30 Die Reduzierung der Leistungen auf das Notwendige ist meist durch wirtschaftliche Überlegungen motiviert und wird deshalb auch heftig kritisiert. Faktisch ist die Reduzierung auf das Notwendige in den vielen Fällen mit dem Druck auf

mehr Normalität verbunden. So muß bei weitem nicht jeder Behinderte in einer Sondereinrichtung mit Maximalversorgung untergebracht werden. Die Entwicklung zahlreicher Einrichtungen in den letzten Jahren ist ein Zeichen dafür, daß die vorwiegend in den 70er Jahren entstandene Forderung nach Maximalversorgung auch auf seiten der Betroffenen einer vehement vorgebrachten Forderung nach mehr Normalität Platz gemacht hat. Schlagwortartig lassen sich die in diesem Zusammenhang relevanten Forderungen wie folgt zusammenfassen:

- nur solche Maßnahmen in Sondereinrichtungen, die wirklich nötig sind,
- ambulant vor teilstationär,
- teilstationär vor stationär

(vgl. Bundesarbeitsgemeinschaft für Rehabilitation 1994 b).

Das bedeutet z. B. für die berufliche Rehabilitation in Berufsförderungswerken und Berufsbildungswerken, daß sie nur dann durchgeführt werden sollte, wenn nach Art und Schwere der Behinderung bzw. der Behinderungsauswirkungen oder wegen bestehender Risiken das angestrebte Berufsziel ohne die besondere Betreuung durch ein Berufsförderungswerk oder ein Berufsbildungswerk nicht zu erreichen ist. Dabei müssen bei beruflichen Rehabilitationsmaßnahmen für ältere Teilnehmer andere Maßstäbe angelegt werden als bei Erstausbildungen. Schließlich bedeutet der Abbruch einer notwendigen Umschulung für einen 40- bis 50jährigen mit Familie etwas anderes als für einen ledigen 18jährigen Teilnehmer an einer Maßnahme.

Auch Wirtschaftlichkeitsüberlegungen müssen die Gesamtsituation des Betroffenen einbeziehen und dürfen nicht mit der billigsten Lösung verwechselt werden.

31 Dazu könnte z. B. stärker als bisher versucht werden, durch krankheitsspezifische berufliche Trainingsangebote eine Berufstätigkeit im erlernten Beruf weiter zu ermöglichen. Fortbildung oder Umschulung im Rahmen des Rehabilitationssystems könnten dann auf die Fälle reduziert werden, in denen dies sonst nicht möglich ist. Kern dieser Maßnahmen ist die Veränderung der berufstypischen Verhaltensweisen durch intensive praktische Übungen.

3 Geriatrie

3.1 Biologische Grundlagen des Alterns

H. Dorner

3.1.1 Alternstheorien

Jedes höher entwickelte Leben unterliegt einem Alterungsprozeß. Die Frage, ob Altern bereits zu Beginn des Lebens einsetzt oder erst in einer späteren Lebensphase, ist eher philosophischer Natur. Aus gerontologischer Sicht ist es sinnvoll, Altern von Wachstum, Reifung und Entwicklung abzugrenzen. Altern kann dann definiert werden als ein zunehmender Funktionsverlust auf dem Boden struktureller Veränderungen. Strukturelle Veränderungen und dadurch bedingte funktionelle Einbußen lassen sich auf allen Ebenen des Lebens nachweisen, vom molekularbiologischen, subzellulären und zellulären Bereich über die Ebene einzelner Organe und Organsysteme bis hin zum Gesamtorganismus. Jedoch bestehen hinsichtlich des Beginns, der Geschwindigkeit und des Ausmaßes alternsbedingter Veränderungen erhebliche Unterschiede zwischen einzelnen Individuen einer Spezies wie auch zwischen einzelnen Organen eines Individuums. Darüber hinaus ist Altern nicht allein auf physiologische Veränderungen begrenzt, sondern schließt psychische Parameter und Funktionen ebenso ein wie die sozialen Aspekte des Lebens. Altern wird somit zu einem sehr komplexen Geschehen. Selbst Populationen als Ganzes „altern", wie der gegenwärtige Umbau der Alterspyramide in den westlichen Ländern zeigt.

Es gibt zahlreiche Theorien, die versuchen, den Alterungsprozeß biologisch zu erklären:

- Abnützungstheorie,
- Mutationstheorie,
- Theorie der freien Radikale,
- Kollagentheorie,
- Katastrophentheorie,
- Programmtheorie,
- Immuntheorie.

Viele dieser Theorien überlappen sich. Einerseits wird Altern als eine Akkumulation degenerativer Veränderungen definiert, die zu Erkrankungen und zum Tod führen. Andere Theorien sehen die DNA, also die Erbsubstanz, als Ausgangspunkt altersbedingter Veränderungen (Platt 1991, Vijg 1995). Mittlerweile wurde eine Theorie allgemein akzeptiert, nach der Altern genetisch bedingt ist. Zwar gibt es im Gegensatz zur Entwicklung und Reifung keine Gene, die speziell für die Alterung zuständig wären oder den Alterungsprozeß initiieren oder kontrollieren, jedoch werden sogenannte pleiotrope Gene diskutiert, die in der Entwicklungsphase des Lebens einen (im evolutionären Sinne) positiven Effekt ausüben und in späteren Lebensphasen einen negativen Einfluß haben. Gene, die in der Entwicklungsphase exprimiert werden, unterliegen einem starken Selektionsdruck. Gene, die erst in späteren Lebensphasen ihre Aktivität entfalten, unterliegen jedoch nicht mehr diesem Selektionsdruck, weil schon viele Individuen nicht mehr am Leben sind. Dementsprechend ist im Genom höherer Lebewesen eine Vielzahl solcher Gene zu vermuten. Viele der im Alter gehäuft auftretenden Krankheiten wie Diabetes mellitus, arterielle Hypertonie oder entzündliche Gelenkerkrankungen sind genetisch bedingt. Der fehlende Selektionsdruck auf die sogenannten late-life-Gene, die erst im späteren Lebensalter ihre Aktivität entfalten, könnte auch die Heterogenität alternsbedingter Veränderungen erklären (Vijg 1995).

Die gerontologische Forschung hat in den vergangenen Jahrzehnten eine eingehende Bestandsaufnahme alternsbedingter Veränderungen erbracht. Im folgenden werden diese Veränderungen organbezogen dargestellt, unter besonderer Berücksichtigung leistungsphysiologischer Gesichtspunkte.

3.1.2 Physiologische Alternsveränderungen

•••• ZNS

Das menschliche *Gehirn* ist das komplizierteste Organ der belebten Natur. Es besteht aus ca. 100 Milliarden Nervenzellen. Diese Zellen, die sogenannten *Neuronen,* sind zusammengesetzt aus einem *Zellkörper* (Soma) und aus *Zellfortsätzen,* einem (efferenten) *Neuriten* mit vielen Kollateralen und einem oder mehreren (afferenten) *Dentriten,* über die die Nervenzellen miteinander in Verbindung stehen und kommunizieren. Diese neuronalen Verbindungsstellen werden Synapsen genannt. Der Informationsaustausch erfolgt über Transmittersubstanzen, die mit spezifischen Rezeptoren an der postsynaptischen Membran interagieren. Die Leistungsfähigkeit des zentralen Nervensystems ist somit definiert durch die funktionelle Integrität von Neuronen, Synapsen und Transmittersubstanzen, durch die Dichte und Affinität der Rezeptoren sowie die Funktion des Postrezeptormechanismus.

Bestimmte Funktionen, wie die Steuerung der Motorik, die verschiedenen Formen des Gedächtnisses, die Stimmung, der Antrieb, analytische Fähigkeiten, Synthetisiervermögen und Originalität, werden unterschiedlichen zentralnervösen Strukturen bzw. unterschiedlichen Transmittersystemen zugeordnet. Von wesentlicher Bedeutung ist, daß die verschiedenen Zentren des Gehirns miteinander über Nervenbahnen in Verbindung stehen und sich somit gegenseitig beeinflussen können. So gibt es z.B. absteigende Verbindungen zwischen Neuronen des limbischen Systems, das an der Ausprägung der Emotionalität maßgeblich beteiligt ist, und Neuronen im Rückenmark, die für die Steuerung der Extremitätenmuskeln zuständig sind. Über solche neuronalen Verknüpfungen wird der Einfluß von Stimmung und Emotionalität auf muskuläre und sportliche Leistungen verständlich.

Ein weiterer wichtiger Aspekt ist die *neuronale Plastizität.* Dieser Begriff beschreibt die Fähigkeit des Gehirns, bei entsprechender Stimulation neue Synapsen zu bilden. Dadurch kommt es auch zu einer Vergrößerung der Repräsentation von Funktionen in einem zuständigen Gehirnareal (neuronales mapping, Homunculus). Die Plastizität, d.h. die Trainierbarkeit des Gehirns, bleibt bis ins hohe Alter erhalten.

Untersuchungsergebnisse über physiologische Alternsveränderungen des Gehirns sind sehr widersprüchlich. Dies liegt daran, daß im Bereich des ZNS physiologische und pathologische Veränderungen schwer voneinander zu trennen sind und häufig ineinander übergehen. Zusätzlich bestehen erhebliche interindividuelle Schwankungen alternsbedingter Veränderungen des Gehirns, worin vermutlich unterschiedliche genetische und umweltbedingte Einflüsse zum Ausdruck kommen. Darüber hinaus gibt es individuell sehr unterschiedlich ausgeprägte Kompensationsmechanismen. Auch innerhalb eines Gehirns bestehen große regionale Unterschiede.

Die Ursache dieser differierenden Alterungsprozesse in verschiedenen Gehirnregionen sind bisher unbekannt, doch scheinen hormonelle Faktoren, neurotrope Zytokine sowie die funktionelle Aktivität die Integrität einzelner Neuronensysteme im gesunden Hirn in unterschiedlicher Weise aufrechtzuerhalten, während die regionalen Unterschiede im Beginn, Verlauf und Ausmaß der alternsbedingten Veränderungen vermutlich genetisch determiniert sind.

Bei vielen Studien ist kritisch anzumerken, daß die Auswahl der als alt und gesund bezeichneten Personen möglicherweise nicht exakt genug gewesen ist. Bereits geringe, im Alter häufig anzutreffende kardiovaskuläre Funktionseinbußen führen zu faßbaren Hirnleistungsstörungen.

Dennoch lassen sich eindeutig als alternsbedingt zu bezeichnende Veränderungen des ZNS beschreiben:

- Volumenverlust (Gehirnatrophie),
- Verringerung des synaptischen Kontaktes,
- Abnahme der Neurotransmission (Transmittersynthese, Rezeptorfunktion, Postrezeptormechanismus),
- Verminderung der zerebralen Perfusion,
- Erhöhung des Gefäßwiderstandes,
- regionaler Neuronenuntergang, (Substantia nigra, Corpus striatum),
- Veränderungen psychischer, kognitiver und motorischer Funktionen.

Charakteristisch ist die alternsabhängige *Gehirnatrophie*. Diese ist in erster Linie bedingt durch einen Substanzverlust der weißen Leitungsbahnen und durch eine Änderung des Gel-Sol-Zustandes bei geringerem Wassergehalt der Zellen im Alter. Computertomographisch besteht eine Erweiterung der inneren und äußeren Liquorräume. Es handelt sich um eine Volumenabnahme des Gehirns, vor allem der grauen Substanz, des Thalamus, des Linsenkerns und des Kleinhirns. Im Gegensatz zu früheren Annahmen kommt es zu keinem wesentlichen Verlust an Nervenzellen.

Nach neueren Untersuchungen wird die Abnahme der Zellzahl zwischen dem 20. und 75. Lebensjahr auf ca. 15% geschätzt, wobei die einzelnen Anteile des Gehirns unterschiedlich betroffen sind. Im Bereich des Kortex, der ca. 47,5% des gesamten Hirngewichtes ausmacht, nimmt die Neuronenzahl nicht oder nur minimal ab. Subkortikal dagegen nimmt die Zellzahl z. B. im Corpus striatum oder in der Substantia nigra deutlich ab, in letzterer bis zum 80. Lebensjahr um ca. 35%. Wie alle postmitotischen Zellen weisen die Neuronen im Alter Zeichen der Schrumpfung, Lipofuszineinlagerungen und subzelluläre Alterationen von Kern, Kernkörperchen und Zytoplasma auf. Im Bereich des Zytoskeletts gibt es spezifische Veränderungen mit Auftreten intraneuraler Einlagerungen und struktureller Desintegration im Bereich des endoplasmatischen Retikulums mit konsekutiver Abnahme der Proteinsynthese. Auch der synaptische Kontakt scheint alternsabhängig als Folge der Veränderungen in den Dentriten und Axonen abzunehmen. Dies entspricht einer partiellen Deafferentierung der Neuronen und scheint die morphologische Grundlage einer verringerten Reaktionsfähigkeit im Alter zu sein.

Gleichzeitig gibt es jedoch auch Zeichen einer kompensatorischen Dentritensprossung als Hinweis auf die Plastizität auch des alten Gehirns. Auch hier bestehen deutliche regionale Unterschiede, wobei insbesondere die Frontalrinde betroffen ist. Durch eine Verringerung des Herzminutenvolumens sinkt auch die zerebrale Durchblutung. Dies wird durch einen gleichzeitigen Anstieg des Gefäßwiderstandes und einer Abnahme des Glucose- und Sauerstoffverbrauchs kompensiert, so daß sich die Durchblutung und der Sauerstoffverbrauch pro 100 g Gehirngewebe unter physiologischen Bedingungen alternsabhängig kaum ändern.

Andererseits wird die Autoregulation der Gehirndurchblutung im Alter häufig durch pulmonale und kardiovaskuläre Erkrankungen gestört. In solchen Fällen sind die zerebrale Perfusion und das Sauerstoffangebot vermindert. Zwischen der kardialen und zerebralen Funktion bestehen enge Korrelationen. Bei herabgesetzten Herzzeitvolumen bestehen auch deutliche Hirnleistungsinsuffizienzen. Es konnte aber gezeigt werden, daß eine Verbesserung der maximalen Sauerstoffaufnahme durch Training den alternsbedingten Funktionsverlust z.B. des dopaminergen Transmittersystems im Corpus striatum und damit verbundene Verschlechterungen neuromuskulärer Funktionen weitgehend ausgleicht. Eine verbesserte zerebrale Durchblutung gewährt vermutlich die biochemische und strukturelle Integrität im bestimmten Bereichen des zentralen Nervensystems.

Unter den verschiedenen Neurotransmittern unterliegt das *dopaminerge System* den ausgeprägtesten Veränderungen. Dopamin ist im gesamten ZNS weit verbreitet. Insbesondere im Corpus striatum und in der Substantia nigra, zwei Regionen, die mit der Motorik (Erlernen und Initieren von Bewegungen) eng verbunden sind, kommt es zu einem ausgeprägten Abfall des Dopamingehaltes. Alternsabhängige Veränderungen der Motorik (z.B. Gangmuster, Bewegungsbedürfnis) scheinen eng mit dem Dopamingehalt im Corpus striatum korreliert zu sein. Die Verminderung der Dopaminsynthese beruht auf einer Aktivitätsabnahme der Tyrosinhydroxylase.

Auch die Synthese der meisten anderen Neurotransmitter, wie Acetylcholin, Serotonin, Gamma-Aminobuttersäure (GABA) und Noradrenalin, nimmt im Alter ab. Das cholinerge System in Hippocampus ist eng mit der kognitiven Leistungsfähigkeit verknüpft, das serotoninerge System des limbischen Systems mit der Emotionalität. Alternsbedingte Veränderungen kognitiver und motorischer Fähigkeiten sowie Veränderungen des Antriebs und der Stimmungslage scheinen eng mit Veränderungen der Transmittersynthese und -wirkung zusammenzuhängen.

Die kognitiven Fähigkeiten zeigen bei Längsschnittuntersuchungen eine hohe Konstanz und scheinen erst im Alter von über 75 Jahren langsam abzunehmen. Querschnittsuntersuchungen, die häufig einen Intelligenzverlust im Alter aufzeigen, lassen die äußeren Bedingungsfaktoren für das Konstrukt der *multidimensionalen Intelligenz* unberücksichtigt und erfassen eher einen Kohorten- oder epochalen Effekt. Dies bedeutet, daß die Ergebnisse von Intelligenztests z.B. auch durch die unterschiedlichen Erziehungsinhalte, -ziele und -methoden beeinflußt werden. Längsschnittuntersuchungen haben gezeigt, daß kognitive Fähigkeiten bis ins hohe Alter trainierbar bleiben. Unterteilt man die kognitiven Fähigkeiten in eine kristalline Intelligenz (= Wissen und Erfahrung) und eine fluide Intelligenz (= abstraktes Denken, analytisches Denken, problemlösendes Denken), so zeigt sich, daß die kristalline Intelligenz im Alter eher zunimmt, während die Fähigkeit zum schnellen Erfassen neuer Situationen und zum raschen Lösen komplexer und abstrakter Probleme eher abnimmt. Können solche Aufgaben ohne Stressbedingungen gelöst werden, zeigen sich allerdings keine alternsbedingten Einbußen, so daß hier wahrscheinlich auch die Emotionalität und das Motivationsgefüge zu berücksichtigen sind.

•••• Herz-Kreislauf-System

Der Mensch ist so alt wie seine Gefäße. Dieser bekannte Satz unterstreicht die Bedeutung des *Herz-Kreislauf-Systems* für den ganzen Organismus. Die Funktionstüchtigkeit dieses Systems ist gebunden an die diastolische und systolische Ventrikelfunktion, an die Reagibilität der einzelnen Gefäßabschnitte und an die Viskosität des Blutes. Die Effektivität des kardiovaskulären Systems ist verbunden mit der Lungenfunktion, mit hormonellen Parametern, mit der Vaskularisation und Kapillarisierung der zu versorgenden Organe, mit der Transportkapazität des Blutes und mit der Diffusionskapazität des Sauerstoffs ins Gewebe. In letzter Zeit ist die Bedeutung des Gefäßendothels für die Gefäßregulation erkannt worden, die vor allem bei degenerativen Erkrankungen des Herz-Kreislauf-Systems zum Tragen kommt. Teilweise wird das Endothel als selbständiges Organ bezeichnet. In allen genannten Teilbereichen kommt es alternsabhängig zu Veränderungen, die in ihrer Summe zu einer geringeren Sauerstoff- und Energieversorgung der Zellen führen (Tab. 3.**1**). Die maximale Sauerstoffaufnahmekapazität als Bruttokriterium der körperlichen Leistungsfähigkeit nimmt im Alter ab (s. u.).

Die altersbedingten Veränderungen am Herzen können in *primäre* und *sekundäre* Veränderungen unterteilt werden. *Primäre Veränderungen* gehen von der Herzmuskelzelle aus und bestehen in einer Verschlechterung des energieliefernden Metabolismus und in einer Abnahme der Kontraktilität. *Sekundäre Veränderungen* sind als reaktive Anpassungen an physiologische (Physiosklerose) und pathologische Veränderungen (Atherosklerose und Arteriosklerose) in den großen und kleinen Gefäßen zu verstehen. Die Veränderungen im Gefäßsystem spielen sich in erster Linie an der Intima und Media ab. Durch eine Abnahme der Sauerstoff- und Substratversorgung in den bradytrophen Geweben der Gefäß-

Tabelle 3.1 Funktionelle Veränderungen des Herz-Kreislauf-Systems

Parameter	Veränderung
Herzminutenvolumen	Abnahme von 6,5 – 7,0 l/min auf 3,9 – 4,0 l/min zwischen 3. und 7. Lebensdekade
Schlagvolumen	Abnahme von 80 – 100 ml auf 60 – 70 ml zwischen 3. und 7. Lebensdekade
maximale Koronardurchblutung	Abnahme
Ruheherzfrequenz	unverändert
maximale Herzfrequenz	Abnahme von 195 ± 10/min auf 165 ±10/min zwischen 3. und 7. Lebensdekade
adrenerge Stimulierbarkeit	Abnahme
peripherer Widerstand	Zunahme
Pulswellengeschwindigkeit	Zunahme
systolischer Blutdruck	Zunahme

wände kommt es zu einer vermehrten Kalziumaufnahme in die Gefäßmuskelzellen, zu Zellnekrosen und bindegewebigem Ersatz. Die übrigen Gefäßmuskelzellen hypertrophieren kompensatorisch. Der zunehmende Kollagengehalt und die muskuläre Hypertrophie der Media verursachen eine kontinuierliche Zunahme des Gewichtes und eine Abnahme des Lumens. Die Elastizität der Gefäßwand und die Windkesselfunktion der Aorta gehen verloren. Alle diese Veränderungen führen summarisch zu einem Anstieg des systolischen Blutdrucks. Da diese physiologischen Veränderungen in erster Linie die großen Gefäße betreffen und in den kleinen und kleinsten Gefäßen deutlich geringer ausgeprägt sind, bleibt der diastolische Blutdruck im Alter im wesentlichen unverändert. Allerdings nimmt die Kapillarisierung im Endstromgebiet ab, was als sogenannte „*Wipfeldürre*" beschrieben wird.

In natura sind physiologische und pathologische Alterungsprozesse an den Gefäßen schwer voneinander zu trennen. Krankhafte Veränderungen betreffen vor allem die Endothelfunktion, wodurch die Reaktivität der Gefäße verlorengeht. Nach neuesten Erkenntnissen scheinen entzündliche Prozesse atherosklerotische Veränderungen zu initiieren, wobei eine genetische Disposition zu der immunologischen Auseinandersetzung mit bisher noch nicht identifizierten Mikroorganismen angenommen wird.

Durch die alternsbedingten Veränderungen im Gefäßbett mit Abnahme der Gefäßelastizität und Verringerung des Gefäßlumens steigt die Druckbelastung (Afterload) des linken Ventrikels an, wodurch es im Alter zu einer *druckbedingten Hypertrophie* des linken Ventrikels kommt, die von der *volumenbedingten Trainingshypertrophie* des Ausdauersportlers unterschieden werden muß. Morphologisch findet sich eine Hypertrophie einzelner Muskelfasern sowie eine Zunahme der gesamten Muskelmasse des linken Ventrikels. Das Herzgewicht steigt daher mit zunehmendem Alter kontinuierlich an. Bei zunehmender Muskelmasse und unveränderter Kapillarisierung steigt die Diffusionsstrecke innerhalb des Herzmuskels an. Dieser Prozeß wird durch eine Zunahme des interstitiellen Bindegewebes weiter verstärkt. Durch die gleichzeitige Arteriosklerose im Koronarsystem unterliegt der Herzmuskel somit einer kontinuierlichen Abnahme der Sauerstoff- und Substratversorgung, was sich insbesondere unter Belastung bemerkbar macht.

Mikroskopisch resultiert daraus eine Abnahme der interfibrillären und subsarkolemmal gelegenen Mitochondrien sowie eine Zunahme von Muskelfasernekrosen, die wiederum bindegewebig ersetzt werden. Biochemisch wird eine geringere katecholaminerge Stimulierbarkeit beschrieben, beginnend mit einer Down-Regulation der Adrenozeptoren, eine veränderte transmembranöse Signaltransduktion über die G-Proteine, eine veränderte Postrezeptorkaskade und Veränderungen im Bereich der kontraktilen Proteine selbst, die zu einer Abnahme der Kontraktilität des Herzmuskels im Alter führen. Die systolische Ventrikelfunktion, gemessen an der Kontraktionskraft, der Verkürzungsfraktion, der Auswurffraktion und der Austreibungszeit, nimmt im Alter ab. Gleichzeitig wird die diastolische Funktion, vermutlich über eine Zunahme des interstitiellen Bindegewebes, verschlechtert. Durch die geringere Elastizität des Myokards sind diastolische Relaxation und Füllung beeinträchtigt. Global resultiert aus der verringerten systolischen und diastolischen Ventrikelfunktion ein vermindertes Herzzeitvolumen.

•••• Lunge

Das respiratorische System besteht aus zwei Kompartimenten, dem gasaustauschenden Organ *Lunge* und der sie ventilierenden Atempumpe. Letztere besteht aus dem Atemzentrum einschließlich der ableitenden Nerven und aus der Thoraxwand mit der Atemmuskulatur.

Während die Ausatmung weitgehend passiv durch den elastischen Retraktionsdruck der Lungen erfolgt, wird die Inspiration aktiv durch die Interkostalmuskulatur (Costo-sternale Atmung) oder durch das Zwerchfell (Costo-diaphragmale Atmung) geleistet.

Die Lunge ist das Organ des menschlichen Körpers, das am intensivsten mit der Umwelt in Kontakt tritt. Das Bronchialsystem teilt sich dichotom in ca. 20 – 23 Generationen auf mit ca. 1 Million terminaler Äste, an denen rund 300 Millionen Alveolen hängen. Dadurch ergibt sich für den Gasaustausch eine Gesamtfläche von ca. 70 – 80 m^2. Eine junge, gesunde Lunge nimmt täglich ca. 10000 l Luft auf. Damit ist die Lunge im Laufe des Lebens zahlreichen Noxen ausgesetzt (in erster Linie dem inhalativen Rauchen), die vor allem die Bronchialschleimhaut schädigen und die zu teils manifesten, teils latenten Erkrankungen führen. Alternsbedingte Veränderungen der Lunge schließen somit fast regelmäßig krankhafte Prozesse ein.

Biochemische und morphologische Veränderungen im bronchopulmonalen System führen im Alter zu einer Verschlechterung der Atemarbeit, zur Abnahme verschiedener Atemvolumina und zu einer geringeren Sauerstoffaufnahme. Die Atemmechanik wird weitgehend bestimmt durch die Beschaffenheit der kollagenen und elastischen Elemente der Lunge. Das unlösliche Kollagen nimmt alternsabhängig zu, die elastischen Fasern verlieren an Dehnbarkeit und Reaktionsvermögen. Damit reduziert sich die Dehnbarkeit und die Anpassungsfähigkeit (Compliance) der Lunge an die Bewegungen des Brustkorbs. Darüber hinaus wird die Beweglichkeit der Thoraxwand durch die Verknöcherung der Rippenknorpel geringer.

Ab dem 3. Lebensjahrzehnt nimmt die Vitalkapazität, also die Summe aus maximaler In- und Exspiration, kontinuierlich um ca. 200 ml/Dekade ab. Andererseits nimmt das Residualvolumen, also die in der Lunge nach maximaler Exspiration verbleibende Luftmenge, mit dem Alter zu, so daß die Totalkapazität (Residualvolumen + Vitalkapazität) unverändert bleibt oder leicht zunimmt. Während nach maximaler Ausatmung in der Lunge eines 20jährigen noch ca. 31 % des gesamten aufnehmbaren Volumens verbleiben, sind dies bei einem 70jährigen ca. 54%. Diese Zunahme des Residualvolumens ist gleichbedeutend mit dem Begriff des „Altersemphysems“. Während bei einem Jugendlichen die Strömungswiderstände bei der Ausatmung (Resistance) erst jenseits der normalen Exspiration (also im Bereich des exspiratorischen Reservevolumens) ansteigen, kommt es bei einem 70jährigen bereits am Ende der normalen Ausatmung zu einer deutlichen Zunahme der Resistance. Aus diesem Grund ist die 1-Sekundenkapazität, die in der ersten Sekunde einer forcierten Exspiration ausgeatmete Luft (Tiffeneau-Test), im Alter verringert. Die Abnahme beträgt ca. 240 ml/Dekade oder 28 % zwischen dem 2. und 7. Lebensjahrzehnt. Atemzugvolumen und Atemminutenvolumen bleiben dagegen im Alter weitgehend konstant (Tab. 3.**2**, Abb. 3.**1**).

Tabelle 3.2 Veränderungen der Lungenfunktion im Alter

Parameter	Veränderung
Totalkapazität	unverändert bzw. Zunahme um 7,5% zwischen dem 20. und 70. Lebensjahr
Vitalkapazität	Abnahme um 200 ml/Dekade
Residualvolumen	Zunahme von 31% auf 54% des aufnehmbaren Volumens entsprechend 170 ml/Dekade beim Mann, 30 ml/Dekade bei der Frau
Atemzugvolumen	unverändert
statische Compliance	Abnahme um 35% zwischen dem 20. und 70. Lebensjahr
dynamische Compliance	Abnahme um 20% bis zum 60. Lebensjahr
Resistance	Zunahme
1-Sekundenkapazität	Abnahme um 240 ml/Dekade. Im Alter von 20 Jahren beginnt der Anstieg des Strömungswiderstandes nach Exspiration von 63%, im Alter von 70 Jahren bereits nach Exspiration von 38% der Totalkapazität.
arterieller O_2-Partialdruck	Abnahme um 15% zwischen dem 20. und 70. Lebensjahr

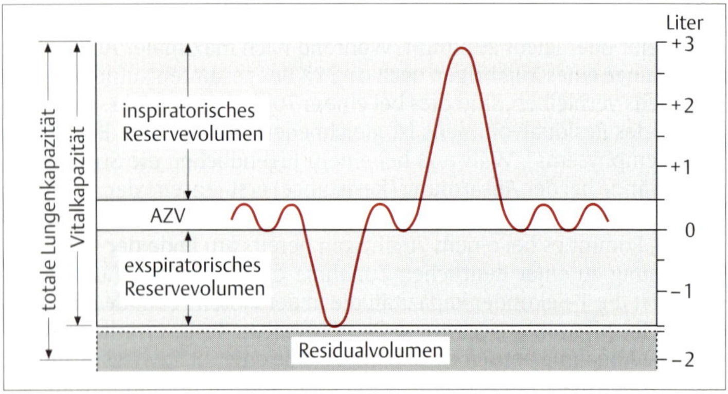

Abb. 3.1 Darstellung der Lungenvolumina. AZV = Atemzugvolumen

•••• Skelettmuskulatur

Die *Skelettmuskulatur* ist mit einem Anteil von 40–45% am Gesamtorganismus das größte Organ des menschlichen Körpers. Durch Umwandlung von chemischer in mechanische Energie sichert sie die Haltung und ermöglicht die Bewegung des Menschen. Im Zusammenspiel mit dem zentralen und peripheren Nervensystem bestimmt die Skelettmuskulatur Bewegungsharmonie, Gestik und Mimik des Menschen. Sie ist beteiligt an der verbalen und nicht-verbalen Kommunikation sowie an der Ausführung technischer und produktiver Vorgänge. Die Skelettmuskulatur gewinnt somit einen erheblichen Einfluß auf das Erscheinungsbild und auf die Persönlichkeit eines Individuums. Durch die Ausstattung mit Insulinrezeptoren gewinnt die Skelettmuskelzelle zusätzlich eine zentrale Bedeutung im Kohlenhydrat- und Fettstoffwechsel.

Die ca. 400 Muskeln eines Organismus mit insgesamt 25×10^7 Muskelfasern differenzieren sich in der frühen Ontogenese unter dem Einfluß von Innervation, Endokrinum und physiologischer Belastung. Die Muskelfasern werden entsprechend ihren kontraktilen und metabolen Eigenschaften in *schnell* und *langsam zuckende Fasern* unterteilt (FT = fast-twitch, ST = slow-twitch). Die ST-Fasern sind mitochondrienreich und verfügen über eine hohe oxidative Kapazität mit hoher Ermüdungsresistenz, die FT-Fasern sind mitochondrienarm mit hoher glykolytischer Aktivität. Nach ihrer unterschiedlichen Fähigkeit zur Ermüdungsresistenz werden die FT-Fasern entsprechend ihrer oxidativen Ausstattung weiter unterteilt in FT-A oder FT-I Fasern (relativ hohe aerobe Kapazität) und FT-B oder FT-II Fasern (relativ geringe oxidative Kapazität).

Während des Alterungsprozesses überlagern sich primär myogene und sekundäre, v. a. neurogen und kardiovaskulär bedingte Veränderungen, die zusätzlich vom individuellen motorischen Verhalten beeinflußt werden:

- Verlust an Muskelkraft,
- Verlust an Muskelmasse,
- relative Zunahme der langsam zuckenden Muskelfasern,
- Vergrößerung der motorischen Einheiten,
- Abnahme des synaptischen Kontaktes,
- Abnahme der Kontraktilität,
- Verschlechterung des energieliefernden Metabolismus,
- Zunahme des unlöslichen Kollagens,
- Verlust der Elastizität.

In ihrer Gesamtheit führen sie zu einem erheblichen Verlust an Muskelkraft und Muskelmasse, zu einer Verschlechterung der Bewegungskoordination, der Feinmotorik, der Reaktionsfähigkeit, der Beweglichkeit, der Trainierbarkeit und somit zu einer Einschränkung des Bewegungsspielraumes eines alten Individuums. Durch den Verlust an Muskelmasse, der zwischen dem 20. und 70. Lebensjahr ca. 30% beträgt, geht v. a. stoffwechselaktive Körpermasse (Insulinrezeptoren) verloren. Dies ist eine der Ursachen für eine abnehmende Glukosetoleranz im Alter. Der Verlust an Muskelkraft und Muskelmasse ist jedoch nicht einheitlich. Die untere Extremität scheint stärker betroffen zu sein als die obere, distale Muskeln mehr als proximale. Die Ursache dafür ist unklar, eventuell spielt die unterschiedliche physiologische Belastung der einzelnen Muskeln im Alltagsleben eine Rolle. Im Vordergrund der alternsbedingten Umgestaltungen in der Skelettmuskulatur stehen die neurogen bedingten Veränderungen, da die Innervation den Typ und somit die Physiologie einer Muskelfaser bestimmt.

Ein offensichtlich zentral gesteuertes Bewegungsbedürfnis sichert in der Jugend eine optimale Ausbildung der Skelettmuskulatur. Eine weitere Optimierung oder wenigstens eine Aufrechterhaltung des erreichten Zustandes scheint teleologisch nicht erforderlich. Mit Erreichen des Erwachsenenalters verringert sich die freiwillig oder spontan erbrachte körperliche Aktivität, wodurch adaptive Reize kontinuierlich abnehmen.

Ca. ab dem 5. Lebensjahrzehnt läßt sich ein Aktivitätsverlust in den dopaminergen Neuronen motorischer Zentren nachweisen. Die abnehmende neuronale Aktivität und eine Verlangsamung der Leitgeschwindigkeit im peripheren Nervensystem führen zu einer funktionellen Denervierung und Atrophie einzelner Muskelfasern, wovon in erster Linie die schnellzuckenden FT-Fasern betroffen sind. Global resultiert eine Abnahme der Maximal- und Schnellkraft, die beide vom Muskelquerschnitt abhängig sind. Anschließende Reinnervationsvorgänge führen zu einer Umverteilung des Fasertypverhältnisses zugunsten der langsam zuckenden ST-Fasern, da die langsam leitenden Nervenfasern eine größere Kapazität des kollateralen sproutings besitzen. Dies führt zu einer Zunahme der Muskelfasern pro motorischer Einheit und zu einer Vergrößerung der noch vorhandenen langsamen motorischen Einheiten. Dadurch werden die Bewegungskoordination und die Feinmotorik verschlechtert.

Durch die Faserumverteilung kommt es zu einer Abnahme der glykolytischen Kapazität und zu einer relativen Zunahme der oxidativen Kapazität. Der alte Muskel ist daher für aerobe Belastungen besser geeignet als für anaerobe. Parallel zu der neurogenen Muskelatrophie kommt es innerhalb der Muskelzelle zu Veränderungen im kontraktilen Apparat und im energieliefernden Stoffwechsel. Die Menge der kontraktilen Proteine nimmt ab, ebenso die Aktivitäten der Myosin-ATPase; dadurch nehmen Kontraktions- und Relaxationszeit zu, während die Kontraktionsgeschwindigkeit abnimmt. Dies führt zu einem Verlust an Schnelligkeit. Die intrazellulären Vorräte an energiereichen Phosphaten und Glykogen sind verringert. Dadurch ist die anaerob-alaktazide Energiebereitstellung, die bei kurzfristigen Maximalleistungen, z. B. Sprints, erforderlich ist, verringert. Kurzstreckenläufe über 60 m oder 100 m müssen deshalb energetisch bereits über die anaerobe Glykolyse bestritten werden, was jedoch wegen einer geringen Azidosetoleranz im Alter nicht günstig ist. Die Resynthese von ATP durch die verschiedenen Wege des energieliefernden Stoffwechsels (oxidative Phosphorylierung, anaerobe Glykolyse, β-Oxidation) ist eingeschränkt. Daher sinkt die Ausdauerleistungsfähigkeit mit zunehmendem Alter.

•••• Knochen

Das *Knochengewebe* besteht zu ca. 69 % aus Mineralien, zu 9 % aus Wasser und zu 22 % aus organischem Material. Dieses wiederum setzt sich zu 90 % aus Kollagen Typ I und zu 10 % aus nicht kollagenen Proteinen, wie Fibronektin, Laminin, Osteonektin, Osteokalzin u. a., zusammen. 80 % des Skeletts bestehen aus dem *kortikalen Knochen* (= Kortikalis oder Kompakta), 20 % aus *trabekulärem* oder *spongiösem Knochen* (= Spongiosa). Die Kortikalis besteht aus einem System in Längsrichtung orientierter stäbchenähnlicher Strukturen, den *Osteonen*, in denen das Knochengewebe konzentrisch um ein Gefäß (Havers-Kanal) angeordnet ist. Die *Spongiosa* besteht aus einem Netzwerk von Längs- und Querbälkchen (= Trabekeln), die entsprechend der physiologischen Gewichtsbelastung ausgerichtet sind. Dieses duale System aus Kortikalis und Spongiosa ermöglicht eine maximale Belastbarkeit des Knochens bei minimalem Materialbedarf.

Alternsbedingte Veränderungen des Knochens umfassen

- eine veränderte Dynamik der Knochenzellpopulationen,
- veränderte kristalline Eigenschaften des mineralisierten Materials,
- eine veränderte Knochenarchitektur und
- Veränderungen im Proteingehalt und der Organisation des Matrixmaterials.

In ihrer Summe ergeben diese Veränderungen im Alter eine *verringerte Knochendichte* (= Osteopenie). Kommt es auf dem Boden einer Osteopenie zu Frakturen, spricht man von einer *Osteoporose*.

Veränderte Dynamik der Zellpopulationen

Das Knochengewebe ist durch die Arbeitseinheit Osteoblast-Osteoklast einem ständigen Ab- und Anbau unterworfen. Durch eine positive Bilanz nimmt die Knochenmasse während des Wachstums und der Reife ständig zu. Ab der Pubertät ist der Knochen ein von den Sexualhormonen abhängiges Organ. Unter dem Einfluß von Testosteron beim Mann und Östrogen bei der Frau entwickelt sich bis zum Ende der Pubertät die Spitzenknochenmasse („peak bone mass"), die zusätzlich von der körperlichen Aktivität und den Ernährungsgewohnheiten beeinflußt wird. Die Spitzenknochenmasse bleibt über ca. 20 Jahre relativ konstant erhalten, die Bilanz zwischen Knochenabbau und -anbau ist ausgeglichen.

Parallel mit dem Abfall der Sexualhormone in der 5. Lebensdekade beginnt die Knochenmasse abzunehmen. Die Aktivität der Osteoblasten wird geringer, die Umbauzyklen werden gleichzeitig kürzer, so daß am Ende eines jeden Umbauzyklus weniger Knochenmasse vorhanden ist; es kommt zur Osteopenie. Der Knochenmasseverlust beträgt ca. 0,25 – 0,5% pro Jahr und verläuft beim (gesunden) Mann mit gleichbleibender Geschwindigkeit. Bei der Frau führt der natürliche Entzug der Sexualhormone in der Menopause zu einem beschleunigten Knochenumbau (high turnover), der mit einem erheblichen Verlust an Knochenmasse verbunden ist. Dieser Knochenmasseverlust ist bei manchen Frauen exzessiv gesteigert (fast loss) und führt somit zu einem erhöhten Fraktur-(= Osteoporose-)Risiko im Gegensatz zu Frauen mit normaler Knochenabbaurate (slow loss). Die Phase des beschleunigten Knochenumbaus bei Frauen ist nach etwa 10 Jahren beendet und mündet dann in ein dem Mann vergleichbares Tempo (low turnover), so daß jenseits des 60. Lebensjahres keine geschlechtsspezifischen Differenzen mehr in der Rate des Knochenverlustes bestehen (Abb. 3.**2**).

Veränderte kristalline Eigenschaften des mineralisierten Materials

Der Mineralisationsgrad des alten Knochens ist höher als der des jungen, d. h. die Knochendichte (Minerale/Volumen) nimmt zu. Diese *Hypermineralisation* reflektiert die Abnahme des Knochenturnover und eine Größenzunahme der Hydroxyapatitkristalle im Alter. Durch eine lokale Vermehrung des interstitiellen Knochens (Knochen ohne Osteone) und durch eine höhere Anzahl von partiellen oder überlappenden Osteonen kommt es zu einer veränderten anatomischen Verteilung der Osteone in der Kortikalis. Der Mineralisationsgrad in solchen Arealen nimmt zu. Daneben nimmt die Zahl der Osteozyten ab, die sich aus Osteoblasten differenzieren, die in mineralisiertem Gewebe eingeschlossen sind. Dadurch werden die Osteozyten-haltigen Lakunen und mit ihnen die Osteone verschlossen und kalzifiziert. Dieser hypermineralisierte Kno-

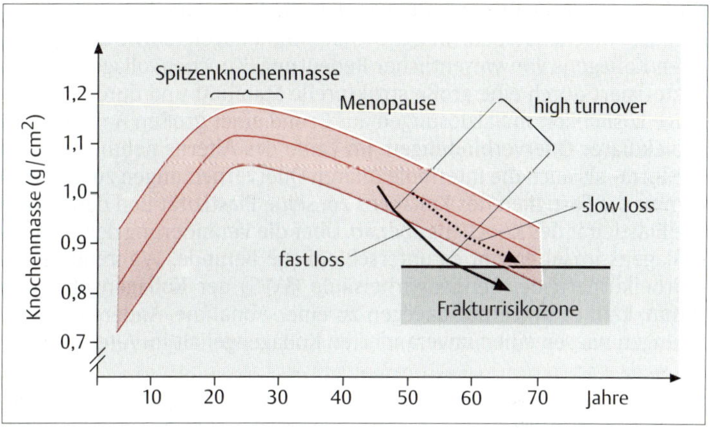

Abb. 3.**2** Veränderungen der Knochenmasse im Laufe des Lebens (nach Ziegler 1995)

chen macht das Gewebe spröder und damit anfälliger für Mikrofrakturen. Insgesamt ist jedoch der Verlust an Knochenvolumen (bedingt durch einen geringeren Mineralgehalt) wesentlich größer als die lokale und regionale Zunahme der Mineralisation.

Veränderungen der Knochenarchitektur

Größe und Gestalt der Knochen ändern sich mit dem Prozeß des *Remodelling*. Durch die Negativbilanz des Remodelling im Alter kommt es zu einem Verlust von Trabekeln, die verbleibenden Trabekeln werden dünner, die Markräume und die Gefäßkanäle werden größer, die Kortikalis wird in ihrem endostalen Bereich zu trabekulärem Knochen umgewandelt und innerhalb des kortikalen Knochens treten poröse Veränderungen auf. Vor allem in den langen Röhrenknochen werden diese Veränderungen zur Aufrechterhaltung der biomechanischen Integrität teilweise kompensiert durch gleichzeitige subperiostale Knochenausweitung.

Veränderungen im Proteingehalt und der Organisation des Matrixmaterials

Die extrazelluläre Matrix des Knochengewebes besteht aus sehr unterschiedlichen Proteinen. Sowohl der Gesamt-Proteingehalt als auch die Konzentration der meisten mit der Mineralisation verbunden Proteine nimmt im Alter ab. Dadurch verliert die Eiweißmatrix ihre Fähigkeit zur

Fixation von Mineralverbindungen. Für die biomechanische Belastbarkeit des Knochens ist die Menge des Gesamtkollagens sowie des unlöslichen Kollagens von wesentlicher Bedeutung. Knochenkollagen ist charakterisiert durch eine große strukturelle Stabilität und durch eine geringe Löslichkeit in Salzlösungen auf Grund einer großen Anzahl intermolekularer Querverbindungen. Im Laufe des Alterns nehmen sowohl die intra- als auch die intermolekularen Quervernetzungen zu. Dadurch nimmt die Festigkeit des Kollagens zu, seine Elastizität und damit auch die Elastizität des Knochens aber ab. Über die Veränderung des Gesamtkollagens im Alter gibt es unterschiedliche Befunde. Während in den Wirbelkörpern der Lendenwirbelsäule (LWS) der Kollagengehalt zunahm, kam es im Femur dagegen zu einer Abnahme. Andere Untersuchungen wiesen einen unveränderten Kollagengehalt im Alter nach.

Der Knochen ist ein adaptationsfähiges Gewebe. Neben den erwähnten Veränderungen der Blutversorgung, der Kalziumhomöostase, der Zellaktivitäten und der extrazellulären Matrix spiegeln die alternsbedingten Veränderungen zum Teil auch die veränderte Statik des Körpers als auch die nachlassende körperliche Aktivität wider. Dies führt zu unterschiedlichen alternsabhängigen Veränderungen in den einzelnen Knochen wie auch innerhalb eines Knochens. Anhand der volumetrischen Dichte verschiedener Knochen konnte gezeigt werden, daß die alternsbedingte Osteopenie nicht alle Knochen des Skelettsystems gleichmäßig erfaßt. Während in der Schädelkalotte oder in der Halswirbelsäule (HWS) keine Veränderungen im Laufe des Lebens gefunden wurden, zeigen Femurkopf und Femurhals, Beckenkamm und die Lendenwirbelkörper eine signifikante Abnahme der volumetrischen Dichte in Abhängigkeit vom Lebensalter. Die physiologische Druckbelastung des Femurkopfes ändert sich im Laufe des Lebens durch die Abflachung des Centrum-Collum-Diaphysen-Winkels um ca. 25°, darüber hinaus nimmt die körperliche Aktivität ab, so daß in den primär druckbelasteten Skelettregionen weniger Adaptationsreiz gegeben ist. Im Gegensatz dazu bleibt die dynamische Beanspruchung der HWS mit Zug- und Schubbelastung zur Orientierung im Raum lebenslang erforderlich, so daß in diesem Bereich kein alternsbedingter Verlust an Spongiosa auftritt.

•••• Gelenke

An den *gelenkbildenden Strukturen* kommt es durch regressive Veränderungen zu einer zunehmenden Einschränkung der Beweglichkeit. Durch Veränderungen in der extrazellulären Matrix (in erster Linie Zunahme des Gesamtkollagens, v. a. aber des unlöslichen Kollagens) verlieren die gelenkumgebenden Weichteile (Kapsel, Sehnen, Bänder) an Elastizität.

Die stoffwechselaktive Synovialoberfläche schrumpft. Die subchondrale Spongiosa weist eine zunehmende diffuse Osteopenie auf, die subchondrale Kortikalis ist verschmälert. Im Knorpel selbst kommt es zu qualitativen und quantitativen Veränderungen. Die Gesamtmenge an Glukosaminoglykanen (= Bauteil der Proteoglycane) und des Chondroitinsulfats nimmt auf Grund einer verminderten Synthese sowie eines vermehrten proteolytischen Abbaus ab, ihre prozentuale Zusammensetzung verschiebt sich zugunsten des Chondroitin-6-sulfats und des Keratansulfats und zu ungunsten des Chondroitin-4-sulfats. Auch der Anteil des Hyaluron nimmt zu. Die Proteoglycanmoleküle werden kleiner, wobei zwischen ihrer Größe und der Knorpelelastizität eine direkte Beziehung besteht. Insgesamt führt dies neben dem Elastizitätsverlust zu einer Höhenabnahme des Gelenkknorpels und einem verminderten Wassergehalt. Die Diffusionsstrecke wird verlängert, die Transitstrecke dichter. Dadurch kommt es in den ohnehin bradytrophen Geweben zu einer weiteren Verschlechterung der Versorgung. Die Zahl der Chondrozyten nimmt ab, intrazellulär kommt es zu Veränderungen am Golgi-Apparat, im Zellkern und bei den Enzymaktivitäten, was wiederum zu einer Abnahme der Syntheseleistung führt. Durch das Fehlen produktiver Vorgänge kann das „Altersgelenk" grundsätzlich vom arthrotischen Gelenk abgegrenzt werden, doch bestehen zwischen beiden fließende Übergänge.

•••• Leber, Milz und Niere

Alternsbedingte Veränderungen der drei *parenchymatösen Organe des Abdomens* haben keine wesentlichen Auswirkungen auf die körperliche Belastbarkeit. Die Größe aller drei Organe nimmt alternsabhängig ab. Volumen und Gewicht der Leber nehmen zwischen dem 20. und 90. Lebensjahr um ca. 40% ab, überwiegend bedingt durch einen Verlust an funktionstüchtigen Hepatozyten. Histologisch sieht man eine zunehmende Zahl von Riesenzellen mit vergrößerten Kernen und mehreren Nukleolen und einen zunehmenden Anteil polyploider Zellen. Die Zahl der Mitochondrien nimmt ab, ebenso die Größe des Golgi-Apparates. Andererseits kommt es zu einer Zunahme der Lysosomen sowie der Lipofuszin-Granula (= braune Atrophie). Funktionell bedeutsam ist eine Abnahme der Leberdurchblutung sowie eine Reduktion der metabolischen Kapazität.

Als zentrales Stoffwechselorgan ist die *Leber* beteiligt an der Bildung und Sekretion von Galle und Plasmaproteinen, an der Speicherung und Verstoffwechselung von Kohlenhydraten und Lipiden, an der Aktivierung und Inaktivierung von Hormonen sowie an der Biotransformation, Entgiftung und Ausscheidung von Fremdstoffen. Die in den Lebersinusoiden gelegenen von-Kupffer-Sternzellen sind als Makrophagen an immunologischen Prozessen der Phagozytose beteiligt.

Unter normalen Bedingungen sind die „Leberfunktionen" im Alter nicht verändert, wie die routinemäßig erhobenen „Leberwerte" zeigen. Erst unter entsprechenden Funktionstests zeigen sich bestimmte Einbußen. So nimmt z. B. die Leberdurchblutung, gemessen im ICG- oder Sorbit-Test, alternsabhängig ab. Die metabolische Kapazität verhält sich unterschiedlich. Während die Phase-I-Reaktionen (Oxidation, Reduktion, Hydroxylierung) – gemessen an der Koffein- oder Antipyrin-Clearance – im Alter eingeschränkt sind, zeigen sich für die Phase-II-Reaktionen (Konjugation mit Glucuronsäure, Glycin, Taurin, Gluthation etc.) keine wesentlichen alternsbedingten Veränderungen.

In der *Niere* kommt es alternsabhängig durch Verlust an Parenchymzellen und Nephronen zu einer Verkleinerung des Organs. Gleichzeitig nimmt die Durchblutung wegen des verminderten Herzzeitvolumens ab. Der Interzellularraum wird weiter, das interstitielle Bindegewebe vermehrt. Die Zahl der Glomerula wird geringer, die Basalmembranen werden dicker. Insgesamt führen diese Veränderungen zu einer Einschränkung der Nierenfunktion. Die kontinuierliche Abnahme der Clearance verschiedener Substanzen, wie Kreatinin oder Inulin, deutet auf eine verminderte glomeruläre Filtrationsrate hin. Auch die Clearance von Paraaminohippursäure (PAH) als Maß für die Sekretion oder den renalen Plasmafluß nimmt alternsabhängig ab.

Auch die *Milz* wird im Alter kleiner. Davon ist insbesondere die rote Milzpulpa betroffen, die über 70 – 90 % des Gesamtvolumens ausmacht. Histologisch zeigt sich eine zunehmende Fibrosierung und Hyalinose der Gefäße. Die Veränderungen im lymphatischen Anteil entsprechen denen in peripheren Lymphknoten. Über altersbedingte Veränderungen der Erythrozytenelimination durch die Milz gibt es keine sicheren Daten. Zwar erhöht sich die Aufenthaltsdauer der Erythrozyten in der Milz, eine wesentliche Erhöhung der Eliminationsrate ist aber nicht nachweisbar. Während bei jungen Menschen nach Entnahme der Milz eine verstärkte Infektionsgefahr besteht, ist diese Gefahr bei alten Menschen deutlich geringer. Das Ausbleiben von typischen Reaktionen nach Milzexstirpation im Alter deutet darauf hin, daß der Funktionsausfall der entnommenen Milz von anderen Organen kompensiert werden kann.

• • • • Immunsystem

Die Funktionen des *Immunsystems* sind gebunden an die Zahl und Funktionstüchtigkeit immunkompetenter Zellen (Tab. 3.**3**). Diese differenzieren sich aus einer pluripotenten Stammzelle im Knochenmark. In der Pubertät erreicht das Immunsystem seine volle Reife. Ein erwachsener Mensch weist 10^{11} Lymphozyten und 10^{19} Antikörpermoleküle auf. Bereits ab dem 20. Lebensjahr beginnt die Involution des Thymus mit ei-

Tabelle 3.3 Bestandteile des Immunsystems

antigenspezifisch	antigenunspezifisch
humoral	
Antikörper	*Komplementsystem*
IgA, IgD, IgE, IgG, IgM	*Zytokine* Interleukine Interferone Tumornekrosefaktor
	Akute-Phase-Proteine
zellulär	
T-Lymphozyten Helferzellen (CD4) Suppressorzellen (CD8) Killerzellen Gedächtniszellen	*Makrophagen* im Blut: Monozyten neutrophile Granulozyten
B-Zellen Gedächtniszellen Plasmazellen (Antikörperproduktion)	gewebsständig: Histiozyten Splenozyten von-Kupffer-Sternzellen Osteoklasten Peritonealmakrophagen Alveolarmakrophagen

nem Verlust an funktionstüchtigem Gewebe. Mitte der 5. Lebensdekade ist der Anteil aktiven Thymusgewebes auf etwa $^1/_5$ seiner ursprünglichen Größe reduziert. Jedoch nehmen Lymphozyten und Plasmazellen im peripheren Blut zahlenmäßig weniger ab, weil die peripheren Rekrutierungszentren (Milz, Lymphknoten, darm-assoziiertes lymphatisches Gewebe) diesen Verlust teilweise kompensieren; andererseits befinden sich im peripheren Blut nur ca. 5% der Lymphozyten, so daß dieser Wert an sich keine ausreichende Auskunft über das Immunsystem geben kann. Zudem werden Veränderungen im Immunsystem überlagert von einer Reihe weiterer Faktoren, die mit dem Alter korreliert sind, wie der Verlust der mukokutanen Barriere, Veränderungen im Ernährungs- und Aktivitätsverhalten, Abnahme der fettfreien Körpermasse, erhöhter oxidativer Stress, Akkumulation von Röntgenstrahlen sowie der Einfluß chronischer Erkrankungen, langjähriger Medikamenteneinnahme und chronischem Nikotinkonsums.

Die auffallendsten Veränderungen ergeben sich für die T-Zellen, die im Thymus reifen und sich differenzieren. Die Zahl funktionstüchtiger T-Zellen nimmt im Alter um bis zu 30% ab, eine entsprechende Abnahme der zellulären Immunfunktion ist im peripheren Blut allerdings erst im Alter von über 70 Jahren nachweisbar. Die spontane Proliferations- und Reaktionskapazität nach Mitogen- oder Antigenkontakt nimmt ab. Da die Zahl der Suppressorzellen (CD8) im Alter stärker abnimmt als die Zahl der Helferzellen (CD4), nimmt das Verhältnis von CD4/CD8 im Alter zu, wohingegen die Zahl der sogenannten Killerzellen und der Gedächtniszellen unverändert bleibt. Die Zahl und Aktivität zytotoxischer T-Zellen sowie ihre Affinität zu Zielzellen nimmt im Alter ab. Durch die Abnahme der Zahl von Helferzellen kommt es auch zu einer verminderten Bildung von Botenstoffen (Zytokinen) wie z. B. Interleukin 2 (IL 2), die für die Induktion einer Immunantwort wichtig sind. Dadurch ist die Kooperation mit den antigenpräsentierenden Zellen und damit die interne Regulation des Immunsystems verschlechtert.

Im Gegensatz zu den T-Zellen zeigen sowohl die B-Zellen als auch die für die Antigenpräsentation zuständigen Makrophagen kaum alternsbedingte Veränderungen. Die Synthese von Immunglobulinen durch die B-Zellen ist im Alter unverändert. Allerdings ergeben sich sekundäre Einbußen, da B-Zellen immunologisch im Verbund mit T-Zellen aktiv werden.

Als wesentliche Konsequenzen alternsbedingter Veränderungen im Immunsystem ergeben sich somit eine veränderte Immunität bei Erstkontakt mit deutlich abgeschwächter Primärantwort der zellvermittelten Immunität, die im weiteren Verlauf infolge der interzellulären Kooperation auch eine geringere humorale Immunantwort bedingt. Wegen der unveränderten Zahl an Gedächtniszellen bleibt die Immunantwort bei wiederholtem Kontakt mit pathogenen Keimen zwar intakt, ist jedoch in Ausmaß und Verlauf deutlich schwächer als bei jungen Erwachsenen. Weitere wesentliche klinische Konsequenzen sind eine geringere Abwehrkraft gegen maligne entartete Zellen sowie das gehäufte Auftreten von Autoimmunphänomen (z. B. von Rheumafaktoren) im Alter als Folge einer verminderten Kontrolle über die Effektorzellen.

3.1.3 Psychische Aspekte des Alterns

Normale alternsbedingte *Veränderungen der psychischen Konstitution* eines Menschen sind schwieriger zu erfassen als die der physischen Konstitution. Doch der Mensch wandelt sich im Lauf seines Lebens. Ins Alter werden Probleme mit hineingenommen, die sich im Laufe des Lebens entwickelt haben. Die Lebenserfahrung prägt den Charakter und die Persönlichkeit. Die Psychologie des Alterns besteht in der Auseinandersetzung mit zunehmenden Risiken gesundheitlicher, ökonomischer und sozialer Art.

Qualitative Veränderungen der intellektuellen und affektiven Fähigkeiten verringern die Anpassungsfähigkeit an Veränderungen in allen Bereichen des Lebens. Kontaktfreudigkeit, Antrieb und Kreativität nehmen im Alter ab, die Stimmungslabilität dagegen nimmt zu. Daraus resultieren Unsicherheit, Unzufriedenheit, Ängstlichkeit, vermindertes Selbstvertrauen, erhöhte Introversion und eine geringere Stresstoleranz, was wiederum zu gehäuften Fehlleistungen führt. Negative Erfahrungen ihrerseits verändern das Motivationsgefüge, sich erfolgreich mit veränderten Lebensbedingungen auseinanderzusetzen. Angst vor Mißerfolgen, geringe Erfolgserwartungen und Risikoscheu verursachen eine Diskrepanz zwischen potentieller Kapazität und tatsächlich erbrachter Leistung, eine Differenz zwischen Können und Wollen. Die Korrelation zwischen Leistung und Befindlichkeit ist im Alter deutlich größer als in der Jugend.

Andererseits setzt erfolgreiches Altern den Erhalt von Aktivität, Lebenszufriedenheit, Leistungsfähigkeit, Interessenwahrnehmung und soziale Eingebundenheit voraus. Die Erfahrung zeigt, daß die im Alter vorhandene psychophysische Kapazität durch entsprechende Stimulation durchaus aktivierbar ist. Das im Alter veränderte Motivationsgefüge muß berücksichtigt werden. Strategien zur Lösung von Problemen werden nur dann erarbeitet, wenn das Problem als bedeutsam für das eigene Leben erkannt wird. Dies gilt z. B. auch für die an sich wünschenswerte regelmäßige Ausübung körperlicher Aktivität. Motivationale Barrieren, Aufwand-Nutzen-Überlegungen, soziale Berührungsängste und mangelnde Einsicht für den Sinn sportlicher Übungen sind die häufigsten Begründungen für körperliche Inaktivität im Alter. Andererseits konnte festgestellt werden, daß die Lebensqualität und die Lebenszufriedenheit im Alter durch regelmäßiges körperliches Training deutlich gebessert werden können.

3.1.4 Leistungsfähigkeit und Belastbarkeit im Alter

Aus sportärztlicher Sicht müssen gerade im Alter die Begriffe *Leistungsfähigkeit* und *Belastbarkeit* exakt differenziert werden. Ein junger, gesunder Mensch kann bis zur Grenze seiner Leistungsfähigkeit belastet werden, ohne irgendwelche gesundheitlichen Schäden befürchten zu müssen. Die leistungsbegrenzenden Faktoren sind aufeinander abgestimmt und erreichen unter Belastung etwa gleichzeitig die Grenze ihrer Kapazität. Die Leistungsfähigkeit entspricht der Belastbarkeit.

Im Alter dagegen ist die körperliche Leistungsfähigkeit eingeschränkt, und die vom Alterungsprozeß am stärksten betroffene Komponente der körperlichen Leistungsfähigkeit wird als schwächstes Glied in der Kette zum limitierenden Faktor. Die Belastbarkeit kann geringer sein, als es von der eigentlichen Leistungsfähigkeit her zu erwarten wäre. So ist ein alter Mensch durchaus fähig, eine anaerobe Sprintbelastung zu leisten (Leistungsfähigkeit), jedoch sollte er eine solche Belastung nicht auf sich nehmen, weil seine Azidosetoleranz vermindert ist (Belastbarkeit). Die Schere zwischen Leistungsfähigkeit und Belastbarkeit klafft mit zunehmendem Alter immer weiter auseinander.

Körperliche Leistungsfähigkeit ist in erster Linie muskuläre Leistungsfähigkeit, die sich im Alter kontinuierlich verringert. Die der Muskulatur vorgeschalteten Zulieferorgane (Atmung, Herz-Kreislauf-System) verlieren im Alter ebenfalls an Effektivität. Ausdruck dafür ist die alternsabhängige Abnahme der maximalen Sauerstoffaufnahmekapazität (Abb. 3.**3**). Dieser Parameter gilt als Bruttokriterium der kardiovaskulären Leistungsfähigkeit und gibt die Menge Sauerstoff an, die pro Zeiteinheit maximal aufgenommen, transportiert und metabolisiert werden kann. Die maximale Sauerstoffaufnahmekapazität hängt von vielen Einflußgrößen ab (Hollmann 1986), die fast alle alternsbedingten Veränderungen unterliegen (Tab. 3.**4**).

Zusätzliche Veränderungen im Bereich der neuromuskulären Erregungsübertragung sowie regressive Veränderungen an den Gelenken und Knochenanhangsgebilden beeinflussen Beweglichkeit und koordinative Fähigkeiten. Aus sportmedizinischer Sicht kann jede körperliche Leistung durch die fünf motorischen Hauptbeanspruchungsformen Ausdauer, Kraft, Schnelligkeit, Gelenkigkeit und Koordination beschrieben werden (Hollmann 1993). Diese stellen hämodynamisch, metabolisch

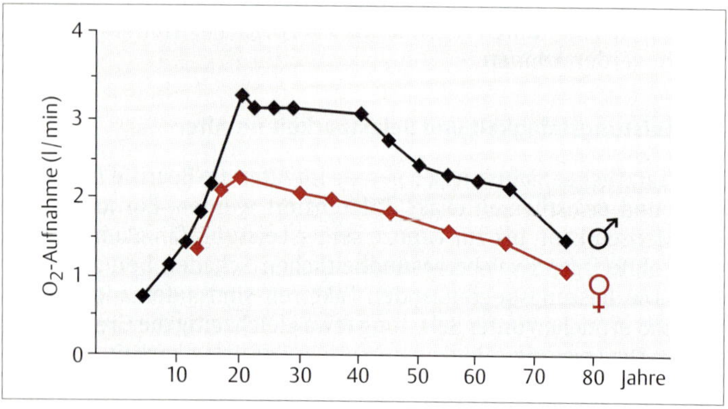

Abb. 3.**3** Alternsabhängige Veränderung der maximalen Sauerstoffaufnahmekapazität (nach Hollmann 1963)

Tabelle 3.**4** Alternsbedingte Veränderung der maximalen Sauerstoffaufnahmekapazität

Parameter	Veränderung
pulmonale Ventilation	↓
alveoläre Diffusion	↓
Herzminutenvolumen	↓
Blutvolumen	↓
Gesamt-Hämoglobingehalt	↓
arteriovenöse O_2-Differenz	↑
fettfreie Körpermasse	↓
Muskelmasse	↓
dynamische Leistungsfähigkeit der Arbeitsmuskulatur (prozentuale Änderung der Fasertypverteilung)	↓
maximale Sauerstoffaufnahme	Abnahme um 25 – 30 % zwischen 3. und 7. Lebensdekade

und biomechanisch sehr unterschiedliche Belastungen dar und führen zu ebenso unterschiedlichen Adaptationen.

Ausdauer (gemeint ist die allgemeine dynamische aerobe Muskelausdauer) wird gefordert, wenn mehr als ein Siebtel der Muskelmasse des Körpers (= allgemein) in dynamischer Muskelarbeit im aeroben Stoffwechselbereich über längere Zeit belastet wird, z. B. beim Langstreckenlauf, beim Skilanglauf, beim Schwimmen oder beim Radfahren auf ebener Strecke. Bei solchen Belastungen werden in der arbeitenden Muskulatur in erster Linie Kohlenhydrate und Fette verbrannt, wodurch sich der günstige metabolische Effekt des Ausdauersports erklärt. Die alternsbedingte Abnahme der fettfreien und damit der stoffwechselaktiven Körpermasse wird verlangsamt, die Glucoseutilisation verbessert. Die vorgeschalteten Zulieferorgane (Atmung, Herz, Kreislauf, Blut) sowie deren endokrinologische Regulation werden gezwungen, genügend Substrat und Sauerstoff anzuliefern und sich auf ein höheres Leistungsniveau einzustellen. Dies führt langfristig zu den bekannten hämodynamischen, kardialen, vaskulären, pulmonalen, endokrinologischen und hämostaseologischen Adaptationen, die insbesondere aus internistischer Sicht hohen präventiven Wert besitzen.

Wegen seiner überwiegend oxidativen Ausstattung ist der alte Skelettmuskel für aerobe Dauerbelastungen besonders geeignet. Insbesondere die maximale Sauerstoffaufnahmekapazität wird durch Ausdauerbelastungen erhöht. Dies ist insofern von Bedeutung, da dieser Parameter direkt mit dem (kardiovaskulären) Gesundheitszustand in Beziehung steht.

Solange die Belastungsintensität die aerob-anaerobe Schwelle nicht überschreitet, sind negative Auswirkungen, auch bei eventuell bestehenden degenerativen kardiovaskulären Erkrankungen geringeren Schweregrades, nicht zu befürchten. Dies alles macht Ausdauerbelastungen für den Seniorensport besonders wertvoll.

Kraft wird bei muskulärer Arbeit gegen einen Widerstand gefordert. Bei feststehendem Widerstand (z.B. Haltearbeit) wird statische Kraftbelastung mit isometrischer Muskelkontraktion geleistet, bei beweglichem Widerstand (z.B. Gewichtheben) dynamische Kraftbelastung mit exzentrischer oder konzentrischer Muskelarbeit. Mit abnehmendem Muskelquerschnitt verringern sich die Maximal- und die Schnellkraft. Veränderungen im energieliefernden Metabolismus führen zu einer Einschränkung der Kraft- und Schnelligkeitsausdauer. Bereits geringe statische Belastungen führen zu einer deutlichen Reduktion der muskulären Perfusion. Höhere statische Belastungen sind mit einer Vasokonstriktion, einem Blutdruckanstieg und einer Azidose verbunden. Werden solche Kraftübungen längere Zeit, d.h. mehr als 5 Sekunden, aufrechterhalten, kann eine bedrohliche hämodynamische Situation (Preßatmung, Valsalvamanöver) eintreten. Trotzdem sind für ältere Sportler kurzdauernde statische Kraftbelastungen mit mindestens 70% der Maximalkraft in Form isometrischer Übungen empfehlenswert. Damit kann insbesondere der selektiven Atrophie der FT-Fasern entgegengewirkt werden.

Zusammen mit dynamischen Kraftübungen, die 70% der maximalen dynamischen Kraft nicht überschreiten sollten, wird dem altersbedingten Abbau der Muskulatur begegnet, die zugehörigen Gelenke werden muskulär besser geführt und damit stabilisiert, dynamische Bewegungsabläufe werden ökonomisiert und insgesamt wird die muskuläre Leistungsfähigkeit erhöht.

Auch isokinetische Kraftübungen, die nur an speziellen Trainingsgeräten möglich sind, führten bei ca. 68jährigen Männern und Frauen zur Hypertrophie von Typ I- und Typ II-Fasern. Wie der Ausdauersport trägt auch Krafttraining zur Verbesserung der Glucoseutilisation bei. Darüber hinaus wird insbesondere durch isometrisches Training der Knochenumbau günstig beeinflußt und der Verlust an Knochendichte verlangsamt. Krafttraining hat somit aus internistischer und orthopädischer Sicht hohen präventiven Wert.

Schnelligkeit beschreibt die Geschwindigkeit der Bewegungsausführung. Man unterscheidet eine *Grundschnelligkeit* und eine *Schnelligkeitsausdauer*. Erstere bedeutet die maximale Geschwindigkeit innerhalb einer zyklischen Bewegung, letztere ist die Fähigkeit, submaximale Bewegungsabläufe möglichst lange ausführen zu können, was z. B. bei Sprints und Mittelstreckenläufen erforderlich ist.

Beide Schnelligkeitsformen stellen zunächst eine lokale muskuläre Belastung im anaeroben Bereich dar. Die entstehende Laktatazidose führt aber in Verbindung mit hormonellen Reaktionen zu allgemeinen, insbesondere zirkulatorischen Veränderungen, die für einen alten Organismus unter Umständen nachteilig, ja deletär sein können, z. B. katecholamin-induzierte Herzrhythmusstörungen, myokardiale Hypoxie u. a. Solche Belastungen sind für den älteren Sportler ungeeignet, sie besitzen darüber hinaus aus präventivmedizinischer Sicht keine Bedeutung.

Gelenkigkeit ist die Beweglichkeit oder der Bewegungsradius eines Gelenkes. Beide sind, je nach Art des Gelenkes, mehr muskulär oder mehr ligamentär begrenzt. Wie bereits oben dargelegt, kommt es durch regressive Veränderungen an den gelenkbildenden Strukturen zu einer zunehmenden Einschränkung der Beweglichkeit. Darüber hinaus können seit langem vorhandene Fehlhaltungen oder -stellungen wegen zunehmender Anpassungsschwäche der beteiligten Strukturen nicht mehr ausreichend kompensiert werden. So kommt es z. B. an der Wirbelsäule auf Grund ungünstiger biomechanischer Verhältnisse in der bradytrophen Bandscheibe zu ausgedehnten regressiven Veränderungen, die in eine Spondylosis deformans münden und eine zunehmende Einsteifung der betroffenen Bewegungssegmente bewirken. Veränderungen im neuromuskulären System begünstigen ebenfalls arthrotische Veränderungen. Z. B. kommt es bei Insuffizienz der lateralen Zuggurtung im Kniegelenk zu einer Mehrbelastung des medialen Gelenkkompartiments. Übungen mit extremen Gelenkausschlägen, z. B. Spagat, sind daher im Alter kaum mehr möglich bzw. wegen der damit verbundenen Verletzungsgefahr kontraindiziert. Gleichzeitig sollten Situationen, die zu unvorhergesehenen Extrembewegungen führen können, vermieden werden, z. B. Kampfsportarten, Sportarten mit direktem Kontakt zu Gegenspielern usw. Andererseits kann jedoch durch eine entsprechende Gymnastik die Beweglichkeit bis ins hohe Alter aufrechterhalten werden, wodurch eine gewisse Verletzungsprophylaxe erzielt werden kann.

Bewegungskoordination bestimmt die Qualität eines Bewegungsablaufes und bezeichnet das Zusammenwirken einzelner Muskeln einer Extremität (z. B. Agonist und Antagonist) oder auch ganzer Muskelgruppen mehrerer Extremitäten im Rahmen eines Bewegungsablaufs. Eine optimale Bewegungskoordination erlaubt einen flüssigen Bewegungsablauf mit minimalem Kraftaufwand. Die neuromuskuläre Bewegungskoordination ist an das Zusammenspiel des zentralen und peripheren Nervensystems mit der Skelettmuskulatur gebunden. Sowohl die Reizwahrnehmung (sensorischer Input) als auch die Reizbeantwortung (motorischer Output) sind im Alter verlangsamt. Durch alternsbedingte morphologische und funktionelle Veränderungen an der motorischen Endplatte und in der Skelettmuskulatur selbst kommt es zu einer Vergrößerung der motorischen Einheiten sowie zu einer Verringerung des synaptischen Kontaktes. Dadurch wird die Feinkoordination verschlechtert. Andererseits unterliegen auch die motorischen Zentren des zentralen Nervensystems alternsbedingten Veränderungen, wodurch insbesondere die Integration von Bewegungsentwürfen und -programmen im Kleinhirn gestört ist. Dadurch wird es im Alter zunehmend schwieriger, technisch anspruchsvolle Übungen und komplexe Bewegungsabläufe korrekt und flüssig auszuführen, geschweige denn zu erlernen. Körperliche Belastungen mit hohen koordinativen Anforderungen wie z. B. Geräteturnen oder Eiskunstlauf oder bestimmte Disziplinen der Leichtathletik, etwa der Hochsprung, sind für den Seniorensport ungeeignet. Aber auch koordinative Fähigkeiten können durch entsprechendes Training im Alter erhalten oder neu erarbeitet werden.

Die Besprechung der fünf motorischen Hauptbeanspruchungsformen zeigt, daß alle Formen – mit Ausnahme der Schnelligkeit – im Alter trainierbar sind und trainingsbedingte Adaptationen induzieren, die aus präventivmedizinischer Sicht äußerst wertvoll sind. Ein vielseitiges, ausdauerbetontes körperliches Training ohne Schnelligkeitsbelastungen ist somit aus ärztlicher Sicht sehr zu empfehlen. Gleichzeitig wird auch die subjektiv empfundene Lebensqualität gesteigert.

3.2 Der gesunde alte Mensch

C. Schütz

Es geht darum, bei spezifischen und unspezifischen Altersveränderungen Möglichkeiten optimaler Betreuung zu beschreiben. Der Schwerpunkt dieser Darstellungen besteht nicht in der Vermittlung von Techniken spezieller geriatrischer Krankheiten. Für dieses Aufgabengebiet gibt es eine umfassende und gültige Literatur, z. B. auch in dieser Fachbuchreihe.

Beim „gesunden" alten Menschen gilt unser therapeutisches Bemühen der Prävention. Das Ziel der präventiven Maßnahmen ist die Gewährleistung möglichst großer Funktionsbreiten der vom Abbau betroffenen Organsysteme. Alterungsvorgänge und damit verbundene Probleme sollten nicht zu früh als schicksalhaft angesehen und akzeptiert werden, da hierdurch zunehmend Inaktivität, Funktionsverlust und Isolation begünstigt werden.

Durch den Alterungsvorgang werden sämtliche Organsysteme, insbesondere Herz, Lunge, Kreislauf, Gefäßsystem und Skelett, in unterschiedlicher Ausprägung betroffen. Wir wissen aber auch, daß die Funktionen dieser Organsysteme bis ins hohe Alter trainierbar sind. Erfolge, auch wenn sie noch so gering erscheinen, und viel Zeit, Geduld und Beharrlichkeit sowohl auf Seiten des Therapeuten als auch der Betagten erfordern und sollten Ansporn und Motivation bei unserer Aufgabe sein.

Auf oft angesprochene Probleme zwischen Behandlerteam und betagten Menschen soll an dieser Stelle kurz eingegangen werden. Grundsätzlich handelt es sich um zwischenmenschliche Schwierigkeiten, wie sie auch bei allen anderen Alters- und Berufsgruppen vorkommen. Spezifische Charakteristika im Umgang mit alten Menschen und daraus resultierende Probleme für die Therapeuten müssen darüber hinaus bekannt sein:

- *Was will der alte Mensch, was will ich?* Der alte Mensch, der bisher sein Leben selbst bestimmt hat, muß bei der Zielsetzung seiner Therapie maßgeblich beteiligt sein. Zwang und Vorstellungen des Therapeuten, die nicht angenommen werden, können nur selten von Erfolg begleitet sein.
- *Fehlende Motivation:* Das Sich-Einstellen auf neue Lernprozesse fällt den Älteren besonders schwer. Der oft sehr junge Therapeut wird als Maßstab bei den eigenen Schwierigkeiten und Grenzen nicht akzeptiert.
- *Depressive Verstimmungen:* Da Betagte häufig darunter leiden, muß das Behandlungskonzept daran adaptiert werden. Das Maß der Gesprächsbereitschaft und des Eingehens auf den alten Menschen ist hier besonders gefordert.
- *Eventuelle Störungen der Sinneswahrnehmung:* Defizite beim Hören, Sehen, Fühlen sind problematisch, besonders wenn der alte Mensch sie selbst nicht erkennt.
- Während das kalendarische Alter feststeht, haben auf das biologische Alter *Genetik* und *Lebensweise* bestimmenden Einfluß.

Nicht erst im Alter, sondern während des gesamten Lebens werden diese positiven oder negativen Einflüsse mitbestimmend bei der Gestaltung des Lebensabends sein.

a) **Positive Einflüsse:**
   - erfülltes berufliches Leben,
   - sich Ziele setzen (Zukunftsdenken),
   - gutes soziales Umfeld,
   - Einbindung in Familie, Gesellschaft,
   - Hobby, sportliche Aktivitäten,
   - Kontaktfreudigkeit,
   - ausgewogene Ernährung.

b) **Negative Einflüsse:**
- mangelnde Eigeninitiative,
- Alkoholmißbrauch,
- Nikotinabusus,
- Übergewicht,
- Bewegungsmangel,
- Vereinsamung.

c) **Zunehmende Funktionseinbußen betreffen insbesondere:**
- Bewegungssystem,
- innere Organe,
- Stoffwechsel,
- zentrale/periphere Gefäße,
- hormonelle Veränderungen,
- Sinneswahrnehmung,
- Flexibilität.

Daraus resultieren: Nachlassen der Lernfähigkeit, Ausdauer, Koordination und Feinmotorik.

3.2.1 Ziele und Maßnahmen für die physiotherapeutische Betreuung „gesunder" alter Menschen in Alteneinrichtungen

•••• Ziele

Unser durch Technisierung geprägtes Zeitalter bedingt, daß körperliche Tätigkeiten weitgehend aus dem Alltag zu verschwinden drohen. Bequemlichkeit, das heißt sich nicht mehr anstrengen zu müssen, begünstigt Bewegungsmangel, Orientierungslosigkeit und Isolation. Diese Faktoren beschleunigen den Alterungsprozeß erheblich und tragen dazu bei, daß bestehende leichte Störungen sich rapide verschlechtern können und Immobilität, Abhängigkeit, ja sogar vorzeitige Pflegebedürftigkeit entstehen. Der alte Mensch, der sich nicht mehr gebraucht und gefordert fühlt, wird diese negativen Einflüsse am ehesten spüren.

Haushalt, Hobby und eventuell noch bestehende berufliche Verpflichtungen können Defizite zum Teil auffangen. Um körperlich und geistig bis ins hohe Alter fit zu bleiben, sind spezielle Alteneinrichtungen eine dringende Notwendigkeit. Sie sind Begegnungsstätten in denen Betagte:

- Kontakte knüpfen,
- an Gesprächsrunden teilnehmen,
- gemeinsam Unternehmungen planen,
- basteln, wandern, musizieren,
- kreativ und gestalterisch tätig sein können.

Gezielte Übungsanleitungen für Trainingsprogramme, Sport, Tanz und Spiel sind ein wichtiger Bestandteil und sollten von gut ausgebildeten Therapeuten angeleitet und überwacht werden.

•••• Maßnahmen

Trainingsprogramme

Hier sind einige Beispiele, die den Tagesablauf betreffen und individuell durchgespielt werden können.

Vor dem Aufstehen: Im Liegen: sich räkeln, den Körper in alle Richtungen recken und strecken. Kleine Gelenke (Hände, Füße) kräftig durchbewegen, mit geschlossenem Mund gähnen, langsam zum Bettrandsitz hochkommen.

Im Sitzen: große Gelenke (Arme, Beine) bewegen, Rücken strecken, ruhig atmen, aufstehen.

Körperpflege: Bewußtes Bewegen des Kopfes beim Zähneputzen nach vorn, beim Gurgeln nach hinten. Das Handtuch zum Abtrocknen vor und hinter dem Körper kräftig bewegen. Dadurch werden zusätzlich Durchblutung und Kreislauf angeregt.

Anziehen: Kaum eine Tätigkeit im Alltag eignet sich besser, um alle Körpergelenke gründlich in Bewegung zu bringen. Wird jedes Kleidungsstück mit bewußtem Körpereinsatz angezogen, werden gleichzeitig Gleichgewicht, Koordination und Feinmotorik trainiert.

Frühstück: Hier lassen sich die kleinen Gelenke besonders gut einsetzen, zusätzliches Aufrichten der Wirbelsäule (Geschirr aus dem Schrank nehmen).

Einkaufen und/oder Spazierengehen: Treppensteigen, beim Gehen: Abrollen der Füße beachten, Grünflächen bevorzugen, Einkaufsgut auf beide Arme gleichmäßig verteilt tragen, um die Wirbelsäule zu entlasten.

Diese Beispiele lassen sich beliebig fortsetzen.

Es macht den Älteren viel Freude, diese täglichen Abläufe gemeinsam zu trainieren. Die Kreativität alter Menschen ist oft erstaunlich, so daß eine Fülle zusätzlicher Übungsmöglichkeiten aus dem Alltag diese Trainingsvorschläge bereichern können.

Sport

Mit zunehmendem Alter nehmen die Muskelfasern, die für die Schnellkraft benötigt werden, deutlich ab. Sehnen, Bänder und Gelenke verlieren weitgehend ihren natürlichen Schutz. Folgende Sportarten sollten nur von trainierten Senioren durchgeführt werden:

- Abfahrtslauf (erhöhte Sturzgefahr)
- Tennis (Überbelastung Schulter/Arm- und Sprunggelenke/Wirbelsäule)
- Bergsteigen im Hochgebirge (pulmonale/kardiale Belastung, Überforderung, Unfallgefahr)
- Golf ist an sich ideal, da das Spiel mit viel Bewegung in freier Natur stattfindet. Allerdings sei der Hinweis auf die extreme Belastung der Wirbelsäule und der Kniegelenke gestattet.
- Bowling und Kegeln sind auch nur Sportarten für Trainierte, mit gut belastbaren Gelenken.

Empfehlenswerter ist im Alter dosiertes Ausdauertraining, deshalb bieten sich besonders an:

- Schwimmen,
- Radfahren,
- Wandern,
- Skiwandern,
- Boccia,
- Federball.

Der Therapeut kann kaum Empfehlungen über Durchführung, Länge und Intensität der Lieblingssportarten alter Menschen geben. Die persönliche (individuelle) Belastbarkeit und nicht das Motto „viel hilft viel" muß das Training bestimmen. Nicht sportliche Höchstleistungen, sondern körperliche Fitneß, Spaß und Geselligkeit sind das Ziel dieser Unternehmungen.

Tanz

Eine begrüßenswerte Variante ist der Tanz. Durch ihn gelingt es, Hemmungen abzubauen, Kontakte zu knüpfen, Freude zu bereiten und körperlich fit zu bleiben. Durch Schrittkombinationen werden Gleichgewicht, durch Einbeziehen des gesamten Körpers Koordination und Konzentration, durch Rhythmus die kognitive Wahrnehmung geschult.

Besonders eignen sich:

- Volkstanz,
- Square Dance,
- langsamer Walzer,
- Slowfox,
- Rheinländer etc.

Die Auswahl sollte durch die Betagten selbst erfolgen. Der Therapeut hat die Aufgabe, die Ausführung zu überwachen, da er die Belastbarkeit der Gruppe am besten kennt.

Spiele

Gemeinsame Spiele sollen Freude bereiten und keinen Wettkampfcharakter haben:

- Gedächtnisspiele: z. B. einen längeren Satz in der Runde weitersagen. Ziel: Training der Hirnleistung, Merkfähigkeit, Konzentration.
- Geschicklichkeitsspiele: z. B. Federball, Luftballon, Seidentücher. Ziel: Training von Koordination, Gleichgewicht, Feinmotorik, Sensibilität.
- Gesellschaftsspiele: z. B. Reise nach Jerusalem. Ziel: Training von Reaktion, Gleichgewicht, Aufmerksamkeit (Mitspieler beachten).

Darüber hinaus besteht die Möglichkeit, sich sinnvoll auch allein zu beschäftigen, falls Gruppenspiele vorübergehend nicht möglich sind, z. B. Patience, Puzzles.

3.2.2 Physiotherapeutische Gruppenarbeit mit alten Menschen

•••• Voraussetzungen für die Gruppenarbeit mit alten Menschen

Teilnehmen können (sollten) alle alten Menschen, denen es vom Arzt erlaubt wird. Bestehende Beschwerden müssen einer individuellen Therapie unterzogen werden, damit nach Besserung ein Einstieg in die Gruppenaktivität erfolgen kann.

Um eine sinnvolle und befriedigende Gruppenarbeit mit alten Menschen starten zu können, sollten wir uns über einige Punkte im klaren sein.

1. Alte Menschen gehen wenig aufeinander zu, bleiben lieber für sich.
2. Hemmungen, sich evtl. zu blamieren, sind sehr groß.
3. Seh- und/oder Hördefizite werden oft nicht wahrgenommen oder häufig als unüberwindlich betrachtet.
4. Männer sind besonders schwer zu motivieren, dadurch selten vertreten.

Es wird deshalb vom Therapeuten viel Geduld, Durchstehvermögen, Motivation, Gesprächsbereitschaft, Einfallsreichtum und Fachkompetenz nötig sein, um alte Menschen für Gruppenaktivitäten zu begeistern. Viel Zeit sollte verwendet werden, um unsere Betagten miteinander bekannt zu machen, ihre Vorstellungen und Wünsche in Gesprächen zu erkunden und diese in die Gruppenarbeit einfließen zu lassen.

•••• Vorbereitungen

Raumauswahl

Großzügige Räume verwenden (jedem sein Plätzchen), da alte Menschen am Anfang gerne Distanz halten. Sich ohne Platznot bewegen zu können, ist eine Notwendigkeit.

Fenster: frische Luft ist ein wichtiger Bestandteil aller Gruppenaktivitäten, für ausreichende Raumbelüftung sorgen.

Raumtemperatur: Normal, nicht zu kalt, nicht zu warm.

Ausstattung

Genügend Stühle mit Rücken- und Seitenlehnen (Sicherheit), Matten (Atemtechniken, Selbsthilfeprogramme), Kassettenrecorder (Musik bringt Freude und Auflockerung).

Übungsgeräte

Statt harter, sperriger Übungsgeräte (Stäbe, Keulen, Schleuderbälle) lieber weiche, griffige (Softbälle verschiedener Größe, Luftballons, Stoffbänder, Therabänder) verwenden.

Pezzibälle sind bei kleineren Gruppen sehr sinnvoll (Haltung, Gleichgewicht, Koordination).

Therapiebecken

Je nach Größe des Beckens sind Unterwassergymnastik und/oder Schwimmen möglich. Da viele Einrichtungen nicht über Unterwasserbecken verfügen, lohnt es sich, in öffentlichen Hallenbädern für Seniorengymnastik oder Schwimmen eine freie Zeit zu erfragen. Die Wassertemperatur sollte zwischen 28 °C und 32 °C liegen.

Übungszeit/-dauer

Weder die privaten Aktionen noch die Heimabläufe dürfen durch die Gruppenarbeit gestört werden.

Mahlzeiten nicht zu kurz vor oder nach der Gymnastik einnehmen. Es empfiehlt sich ca. 10.00 Uhr vormittags und/oder 15.00 Uhr nachmittags.

Die Übungsdauer kann je nach Gruppenzusammensetzung (Belastbarkeit) gestaffelt gestaltet werden.

30 – 40 Minuten sind realistisch.

Kleidung

Bitte keine strenge Kleidervorschrift: Die Kleidung soll bequem, praktisch und hautfreundlich (atmungsaktiv) sein. Gutsitzendes Schuhwerk, Turnschuhe müssen nicht sein.

•••• Übungsinhalte

- Allgemeine Aktivierung: Kreislauf-, Stoffwechselanregung. Ideal als Einleitung und Aufwärmphase,
- Erhaltung/Verbesserung der Gelenkbeweglichkeit und Muskelkraft,
- Haltungsschulung, Haltungskorrektur,
- Gleichgewichtstraining,
- Koordinations-/Reaktionsschulung,
- Atemtherapie, Körperwahrnehmung,
- Entspannungstechniken,
- Selbsthilfetraining: Hier können Fallbeispiele, die Koordination, Gleichgewicht und Reaktionstraining beinhalten, praxisnah durchgeführt werden (Mattenprogramm).
- Partnerübungen.

•••• Aufbau einer Gruppengymnastik

Beispiel 1 (mit einer Übungszeit von ca. 35 Minuten):

Allgemeine Aktivierung:	Als Einleitung im Sitz, Stand oder als kleine Gehschule (ca. 5 Minuten).
Gelenkbeweglichkeit, Muskulatur:	kleine zu großen Gelenken 2 : 1 in alle Richtungen bewegen (ca. 5 Minuten).
Haltungsschulung/-korrektur:	Aufrichtung, Beckenbeweglichkeit, Schultergürtel, Kopf, im Sitz, Stand (ca. 10 Minuten).
Gleichgewichtsschulung:	Sitz: Gewichtsverlagerung nach allen Seiten. Stand: Zehen-, Fersenstand, Schrittkombinationen, Einbeinstand (ca. 5 Minuten).
Atemtherapie/ Körperwahrnehmung:	Auf der Matte (ca. 10 Minuten).

Beispiel 2 (mit einer Übungszeit von ca. 45 Minuten)

Allgemeine Aktivierung:	Als Einleitung (ca. 5 Minuten).

Haltungsschulung/-korrektur:	Auf dem Pezziball (ca. 5 Minuten) mit Überleitung zu
Koordination/ Gleichgewichtsschulung:	ca. 10 Minuten.
Partnerübung:	Reaktionstraining (mit Softbällen, Luftballons) im Sitz, Stand (ca. 10 Minuten).
Entspannung/ Körperwahrnehmung:	Im Liegen (ca. 10 Minuten).
Atemtherapie und Singen eines Liedes:	ca. 5 Minuten.

Beispiel 3 (mit einer Übungszeit von ca. 40 Minuten)

Allgemeine Aktivierung:	Als Gehschule mit zusätzlichem Arm- und Rumpfeinsatz (ca. 10 Minuten).
Gelenkbeweglichkeit/Muskeltraining:	Üben mit Handtuch oder Theraband, Sitz/Stand (ca. 10 Minuten).
Selbsthilfetraining:	Mattenprogramm: Hinlegen, Drehen, Kniestand, Vierfüßlerstand, Aufstehen, Gehen auf labilem Untergrund (ca. 10 Minuten).
Entspannung/Atmung:	Im Sitz (ca. 10 Minuten).

Beispiel 4 (mit einer Übungszeit von ca. 35 Minuten)

Allgemeine Aktivierung:	Im Sitz: Arm- und Rumpfschwünge ohne und mit Übungsgerät, z. B. Theraband (ca. 10 Minuten).
Gelenkbeweglichkeit, Muskulatur:	Fußgymnastik, Beckenbodentraining im Sitzen und/oder Liegen (ca. 10 Minuten).
Koordination, kognitive Wahrnehmung; Sicherheit:	Partnerübungen als Gehschule, z. B. Rückwärtsgehen: ein Partner führt den Rückwärtsgehenden, indem er vorwärtsgeht, anschließend wird gewechselt. Blindgehen: Führen des Partners, der die Augen geschlossen hat (ca. 10 Minuten).
Atemtherapie:	Im Stand (ca. 5 Minuten).

Beispiel 5 (mit einer Übungszeit von ca. 40 Minuten)

Allgemeine Aktivierung, Einleitung:	Fußball-/Handballspiel mit Softball (ca. 5 Minuten).
Gelenkbeweglichkeit, Muskulatur:	Im Stand: Senioren lehnen sich an die Wand, wechselnde Beinübungen (Einbeinstandphase nicht zu lang!), Pendelübungen der Beine zur Entlastung von Knie-/Hüftgelenk (ca. 10 Minuten).
Koordination, Reaktion, Gleichgewicht:	Gehen über und um Hindernisse (ca. 10 Minuten).
Entspannung, Körperwahrnehmung:	Auf der Matte (ca. 10 Minuten).
Atmung:	Atemübungen und Summen eines Liedes im Sitzen (ca. 5 Minuten).

Beispiel 6 (mit einer Übungszeit von ca. 30 Minuten)

Allgemeine Aktivierung:	Kombinierte Arm-/Bein-/Rumpfübungen im Sitz (ca. 5 Minuten).
Gleichgewicht/ Haltung:	Pezziball (ca. 10 Minuten).
Gelenkbeweglichkeit, Muskulatur:	Dehnübungen im Sitz/Stand (ca. 5 Minuten).
Wahrnehmung, Koordination:	Wechselnde Rumpfschwünge nach Musik (ca. 5 Minuten).
Entspannung/ Atmung:	Entlastende Ausgangsstellungen im Sitz (ca. 5 Minuten).

Man sollte der Phantasie freien Lauf lassen, um diese Beispiele beliebig zu ergänzen.

•••• Ergänzende Hinweise

- *Musik:* da sie eine echte Bereicherung darstellt, regelmäßig einsetzen. Es gibt eine Vielzahl geeigneter Kassetten.
- *Atemtechniken:* können nach jeder Übungseinheit eingeschaltet werden.
- *Pausen:* Machen Sie regelmäßig Pausen, so wird Überforderung vermieden. Zusätzlich können in Pausen Lockerungsübungen eingebaut werden.

- *Gruppenpausen:* Seniorengymnastik sollte zu jeder Jahreszeit stattfinden. Im Winter vielleicht mit der Unterwassergymnastik (Schwimmen) pausieren (Erkältungsgefahr). Im Sommer bei sehr hohen Temperaturen das aktive, anstrengendere Übungsprogramm zu Gunsten von Atemtherapie, Körperwahrnehmung und Entspannung, reduzieren.
- *Partnerübungen:* erfordern Fingerspitzengefühl. Übungen mit direktem Körperkontakt bitte erst nach gutem Bekanntschaftsgrad der Gruppen einsetzen.
- *Gruppenarbeit mit dementen Betagten:* Vielfältige Möglichkeiten bieten sich für diese Zielgruppen an. Gerade hier ist die Erhaltung/Verbesserung der Körperbeweglichkeit, Anregung für Herz-, Kreislauf-, Lungenfunktion von größter Bedeutung. Wichtig sind kleine Gruppen, in denen die geistigen Möglichkeiten der alten Menschen berücksichtigt werden können.
- *Rollstuhlgruppen:* Bereiten viel Freude. Hier können Geschicklichkeit, Selbständigkeit, Reaktionsvermögen, Muskelkraft und Herz-/Lungenfunktion trainiert werden.
- *Therapeutenverhalten:* Der Therapeut sollte in die Gruppe integriert sein, sich nicht zu sehr abgrenzen. Korrektur nur soweit nötig, kein Gruppenmitglied direkt kritisieren. Hilfestellungen diskret geben. Viel loben, ermutigen, anspornen. Für ausreichend Sicherheit sorgen, alle Beteiligten gut im Blick haben, um Veränderungen (Überanstrengung, Atmung, Zyanose, Blässe) sofort zu erkennen.

Nichts kann unser Bemühen um Betagte besser ausdrücken, als der Satz der Weltgesundheitsorganisation WHO:

Don't add years to life but life to years (Füge nicht Jahre zum Leben, sondern Leben zu den Jahren).

3.3 Der kranke alte Mensch

J.-D. Summa

3.3.1 Im Alter gehäuft auftretende Krankheiten

Erkrankungen des Herz-Kreislauf-Systems

Herz-Kreislauf-Erkrankungen nehmen im höheren Lebensalter die erste Stelle bei Todesursachen ein, wobei den Erkrankungen des Herzens, insbesondere dem Herzinfarkt, eine wesentliche Bedeutung zukommt.

Pathogenese: Entscheidend für die Entstehung von Erkrankungen des Herz-Kreislauf-Systems sind zunächst die physiologischen Veränderungen an den Gefäßen, die Physiosklerose. Bereits jenseits des dritten Lebensjahrzehnts lassen sich derartige Veränderungen an den Gefäßen nachweisen, und sie nehmen mit steigendem Lebensalter zu. Primär kommt diesen Veränderungen keine krankhafte Bedeutung zu. Erst mehr oder weniger langwierige bzw. ausgeprägte Risikokrankheiten, wie Bluthochdruck, Stoffwechselerkrankungen, z. B. eine Zuckerkrankheit oder erhöhte Blutfettwerte, aber auch Risikofaktoren wie Rauchen, Übergewicht, Alkoholmißbrauch oder Bewegungsmangel, lassen dann die krankhaften Gefäßveränderungen in Form der Arteriosklerose entstehen.

Koronare Herzkrankheit

Bei Veränderungen im Bereich der Gefäße des Herzens spricht man von der *koronaren Herzkrankheit* (KHK), deren Symptome im Beschwerdebild der Angina pectoris (Engegefühl über der Brust) zum Ausdruck kommen. Die Symptome können sowohl unter Belastung (Belastungsangina) als auch in Ruhe (Ruheangina) auftreten.

Symptome: Typische Symptome sind Schmerzen hinter dem Brustbein oder über dem Herzen, die in den Hals, in die Schulter, in die Arme, bevorzugt in den linken Arm bis hinunter in die Fingerspitzen ausstrahlen können. Die Beschwerden können sich aber auch als Druck- oder Engegefühl über der Brust bemerkbar machen. Hoher Blutdruck und zusätzliches Angstgefühl können die Symptome verstärken, in Ruhe verschwinden sie oft innerhalb kürzerer Zeit.

Herzinfarkt

Der *Herzinfarkt* stellt in diesem Zusammenhang die schwerste Durchblutungsstörung des Herzens dar.

Ätiologie und Pathogenese: Ursache ist der Verschluß eines mehr oder weniger großen Gefäßes am Herzen, in dessen Folge es zum Untergang von Herzmuskelzellen kommt. Verantwortlich für die zum Teil heftigen Schmerzen ist der dadurch bedingte akute Sauerstoffmangel.

Falls es zu keiner raschen Wiederdurchblutung des betroffenen Areals kommt, entsteht im nicht mehr durchbluteten Bereich eine bindegewebige Narbe. Je mehr Muskelzellen abgestorben sind, desto mehr reduziert sich später die verbliebene Herzkraft. Akuter Herzinfarkt und verbliebene Herzmuskelnarben hinterlassen im EKG typische Veränderungen, die oft lebenslang nachweisbar sind.

Unmittelbare Ursache für das Auftreten eines Herzinfarktes kann sowohl eine körperliche (Über-)Anstrengung sein – typisch zum Beispiel ist Schneeschippen –, aber auch ein plötzlich starker Blutdruckanstieg, Herzrhythmusstörungen oder eine vorübergehend erhöhte Gerinnselbildung im Blut.

Symptome: Neben den Symptomen, wie sie bei der koronaren Herzerkrankung auftreten, bestehen beim Herzinfarkt meist zusätzlich eine ausgeprägte Blässe, kalter Schweißausbruch und Angstgefühl bis hin zur Todesangst. Das Herz (Puls) kann plötzlich unregelmäßig schlagen (stolpern), Blutdruck und Puls können kaum oder nicht mehr meß- bzw. fühlbar sein. Ein Herzinfarkt kann gerade beim älteren Menschen aber auch mit uncharakteristischen Symptomen einhergehen bzw. schmerzlos (stumm) ablaufen. Blässe, Schweißausbruch, Blutdruckabfall oder ein Kollaps müssen dann als Hinweis gelten.

In jedem Fall muß bei geringstem Verdacht auf einen Herzinfarkt jegliche körperliche Anstrengung, auch eine passive Physiotherapie unterbleiben. Der Patient sollte flach gelegt, enge (Oberkörper-)Kleidung gelockert und möglichst für frische Luft (Sauerstoff) gesorgt sowie dringlich ärztliche Hilfe herbeigeholt werden.

Herzinsuffizienz

Nicht selten kommt es als Folge eines Herzinfarktes, aber auch durch andere Ursachen wie z.B. einem langjährigen Bluthochdruck, zu einer nicht mehr ausreichenden Förderleistung des Herzens, der sogenannten *Herzinsuffizienz.* Etwa bei der Hälfte der 65jährigen Menschen läßt sich eine versteckte (latente) oder offen zutage tretende (manifeste) Herzinsuffizienz nachweisen.

Symptome wie Atemnot bei Belastung oder gar schon in Ruhe (Patient kann nicht flach liegen), ständiger Hustenreiz, nächtlich vermehrtes Wasserlassen, Fuß- und Knöchelödeme, Herzrhythmusstörungen und allgemeine körperliche Schwäche sind typisch für Patienten mit einer Herzinsuffizienz.

Eine für den Gesunden unbedeutende körperliche Anstrengung kann bei solchen Patienten bereits zu einer akuten Dekompensation des (linken) Herzens, dem sogenannten Lungenödem führen. Die Patienten haben stärkste Atemnot, sind blaßfahl-zyanotisch und imponieren durch röchelnde Atmung. Sie sind in diesem Zustand in höchstem Maße gefährdet und bedürfen augenblicklich absoluter körperlicher Schonung und zwar in halbsitzender Position, um das Herz in seiner Leistung zu entlasten.

Hypertonie

Pathogenese: Eine häufige Kreislauferkrankung des älteren Menschen ist der *Bluthochdruck.* Er kann sowohl Folge zunehmender Gefäßveränderungen im Sinne der Arteriosklerose sein, aber auch (häufiger) als essentielle Hypertonie, bedingt durch den Elastizitätsverlust der Aorta und der peripheren Arterien (Gefäßstarre), entstehen. Er gilt auch als die wesentliche Risikokrankheit, als „Schrittmacher" für die koronare Herzerkrankung, den Herzinfarkt, die Herzinsuffizienz, den Schlaganfall oder die Niereninsuffizienz sowie die arterielle Verschlußkrankheit (s.o.). Symptome eines hohen Blutdrucks können lange ausbleiben, so daß er eventuell erst nach Jahren entdeckt wird, wenn bereits Organschäden, wie eine Herzvergrößerung oder eine Herzwandverdickung, eingetreten sind. Nur regelmäßige, vorsorgliche Messungen des Blutdrucks im höheren Lebensalter bieten die Sicherheit, daß durch rechtzeitige Behandlung eines Bluthochdrucks Folgeschäden vermieden werden können. Hierzu gehört auch die Blutdruckmessung unter Belastung, z.B. während einer Physiotherapie.

Symptome: Sobald ein Bluthochdruck Beschwerden macht, sind es in erster Linie ein Gefühl des Blutandrangs in den Kopf, aufschießende oder anhaltende Gesichtsröte, Kopfschmerzen, Herzbeschwerden und Sehstörungen.

Therapie: Ein Bluthochdruck im Alter sollte, solange noch keine Organschäden (Herzinsuffizienz, Herzinfarkt) nachweisbar sind, nur dann behandelt werden, wenn bei mehrmaligen Messungen systolische Werte über 180 oder diastolische Werte über 95 mmHg gemessen werden. Die Nebenwirkungen blutdrucksenkender Medikamente sind sonst unter Umständen unangenehmer und für den Patienten belastender als deren beabsichtigte Wirkung.

Periphere arterielle Verschlußkrankheit

Je nach vorhandenen Risikofaktoren wird die *arteriosklerotisch bedingte Gefäßverengung* bzw. der *Gefäßverschluß* auch schon im mittleren Lebensalter angetroffen. Häufiger jedoch findet man dieses Krankheitsbild bei älteren Menschen.

Pathogenese: Als wesentliche Risikofaktoren für das Entstehen der arteriellen Verschlußkrankheit muß Zigarettenrauchen (Nikotin ist ein starkes Gefäßgift), aber auch Stoffwechselstörungen, wie ein Diabetes mellitus oder eine Hochdruckkrankheit, angesehen werden. Während Zigarettenrauchen, Hochdruckkrankheit und Fettstoffwechselstörungen vornehmlich in den größeren Gefäßen, insbesondere im Bereich des Beckens und der Ober- bzw. Unterschenkel Verengungen verursachen, findet man bei der Zuckerkrankheit im späteren Stadium betont Gefäßveränderungen in den kleinsten Gefäßen an den Akren (Zehen, Vorfuß) sowie der Haut im Bereich des Unterschenkels (Ulcus).

Je nach Beschwerdebild und klinischem Befund teilt man die Erkrankung in vier Stadien ein (Tab. 3.**5**).

Tabelle 3.5 Einteilung der peripheren arteriellen Verschlußkrankheit

Stadium	Beschwerdebild/Klinischer Befund
Stadium I	Gefäßveränderungen sind vorhanden und durch spezielle Untersuchungen auch nachweisbar. Beschwerden hat der Patient unter den Belastungen des Alltags nicht.
Stadium II	Hier verspürt der Patient unter Belastung (schnelles Gehen, Gehen bergan, Treppensteigen) den typischen Wadenschmerz (Schaufensterkrankheit). Auch hier wird wie beim Herzinfarkt der Schmerz durch ein Sauerstoffdefizit ausgelöst.
Stadium III	Hier verspürt der Patient bereits in Ruhe Schmerzen und die betroffene Extremität zeigt schon äußerlich deutliche Auffälligkeiten, wie Blässe oder Unterkühlung.
Stadium IV	Hier finden sich zusätzlich zu den Symptomen des Stadiums III bereits Gewebsläsionen, z. B. eine feuchte oder trockene Gangrän (Schwarzverfärbung der Haut). Hierbei ist das Gewebe abgestorben, und es bestehen z. T. heftigste Schmerzzustände, die eventuell nur durch Opiate gelindert werden können. Im Gegensatz dazu sind Patienten mit einer diabetischen Gangrän (Mikroangiopathie!) und gleichzeitig vorhandener diabetischer Neuropathie (Nervenschädigung) meist schmerzfrei.

Therapie: Während im Stadium I und II Bewegungsübungen einen wesentlichen therapeutischen Faktor darstellen, sind sie im Stadium III oder IV nur dann vorsichtig anzuwenden, wenn dadurch keine Verstärkung der Schmerzsymptomatik auftritt. Stadium III und IV sind heute in der Regel – wenn überhaupt – primär operativen oder gefäßerweiternden Eingriffen vorbehalten. Eine medizinische Therapie kann in der Regel das Fortschreiten der Veränderungen beeinflussen.

Venenerkrankungen

Durch Elastizitätsverlust und zunehmende Erschlaffung des Bindegewebes nimmt die Häufigkeit von *Venenerkrankungen* mit steigendem Lebensalter zu. Krampfaderbildungen findet man bei mehr als der Hälfte aller über 60- bis 70jährigen, vor allem bei Frauen. Aber auch Venenentzündungen und in deren Folge das chronische venöse Syndrom bzw. das postthrombotische Syndrom findet man in zunehmendem Maße im höheren Lebensalter.

Die *Varikosis* kann anlagebedingt und unkompliziert sein. Es finden sich zum Teil massiv erweiterte oberflächliche Venenstränge, aber keine venöse Insuffizienz, die zu Ödemen, einer Stauungshaut oder Unterschenkelgeschwüren führt. Sie bedarf nur dann einer Therapie, wenn durch eine Verletzung erheblicher Blutverlust entsteht oder aber durch die Ansammlung von Blut in den zahlreichen erweiterten Venen Kreislaufstörungen im Sinne von orthostatischen Kollapszuständen auftreten. Varikosispatienten sind auch grundsätzlich Risikopatienten für das Auftreten von Venenentzündungen, besonders in Zusammenhang mit Erkrankungen, die eine längere Immobilität nach sich ziehen. Im Vordergrund therapeutischer Bemühungen bei solchen Patienten steht somit das Vermeiden von Komplikationen durch viel Bewegung und notfalls Unterstützung durch Kompressionsstrümpfe.

Oberflächliche *Venenentzündungen* dagegen sind an den deutlich prominenten, oft harten, rotlividen und schmerzhaften Venenzeichnungen zu erkennen. Sie bedürfen einer Behandlung, die als wesentlichen Bestandteil Bewegungsübungen beinhaltet. Kompressionsverbände, entzündungs- und gerinnungshemmende Medikamente ergänzen die Therapie. Sind aber auch tiefe Venen erfaßt, was mit Duplexsonographie rasch und für den Patienten unbelastend erfaßt werden kann, gilt nach wie vor das Prinzip: Bettruhe und zusätzlich eventuell thrombusauflösende Medikamente.

Man ist bestrebt, unter allen Umständen die sogenannte *chronisch-venöse Insuffizienz,* eine Insuffizienz der Venenklappen als Folge solcher tiefen Beinvenenthrombosen, zu vermeiden.

Die Folgen sind insbesondere in der warmen Jahreszeit: Neigung zu Ödemen, Ablagerungen von Blutbestandteilen ins Gewebe (Pigmentflecken) und letzten Endes das postthrombotische Ulcus. Ist es erst einmal soweit gekommen, bedeutet dies eine langwierige, für den Betroffenen mit Schmerzen verbundene Therapie, die oft nur durch die Transplantation gesunder Haut erfolgreich beendet werden kann. Am Beginn des Krankheitsbildes stehen aber auch die Kompressionstherapie, Bewegungstherapie und nächtliches Hochlagern der Beine. Vorhandene Ödeme müssen zur Verbesserung der Durchblutung und zur Vermeidung von Ulzerationen zusätzlich mit Diuretika behandelt werden.

Zerebraler Insult

In einem internationalen Aktionsplan zur Frage des Alterns hat eine UN-Weltkonferenz 1982 festgehalten, daß bei der gesundheitlichen Betreuung älterer Menschen nicht nur auf deren Krankheiten, sondern vielmehr auf das Wechselspiel von körperlichen, geistigen, sozialen und ökologischen Faktoren zu achten sei. Die Betreuung sollte in erster Linie darauf abzielen, daß ältere Menschen solange wie möglich ein selbständiges Leben innerhalb oder außerhalb ihrer Familie führen können. In einer aktuellen Fragestunde hat die damalige Bundesregierung wegen der besonderen Lebenssituation älterer Menschen ergänzend dazu festgestellt, daß neben der Akutbehandlung im Alter gleichzeitig vorbeugende und rehabilitative gesundheitliche Maßnahmen erforderlich sind. Für welche Patienten treffen diese Erklärungen wohl eindeutiger zu als für Patienten mit einem Schlaganfall. *Zerebrovaskuläre Erkrankungen* stellen inzwischen nach Herzerkrankungen und malignen Tumoren die dritthäufigste Todesursache bei uns dar.

Bei den über 75jährigen – der Altersgruppe mit der höchsten Inzidenz für zerebrale Insulte – hat die Mortalität beim Schlaganfall die des Herzinfarktes bereits überschritten. Nach wie vor versterben immer noch etwa 20 – 25% der betroffenen Patienten in der Akutphase, nur ein Drittel erholt sich auch ohne aufwendige therapeutische und rehabilitative Maßnahmen, um wieder relativ selbständig zu werden. Der Rest aber bedarf einer unterschiedlich aufwendigen Betreuung und Pflege innerhalb der Familie, durch karitative oder kommunale Einrichtungen bzw. muß in einem Pflegeheim untergebracht werden. Der Schlaganfall ist somit der häufigste Grund für Pflegebedürftigkeit und schwere Behinderung im Alter.

Dabei wissen wir heute, daß die rasche Einleitung einer gezielten Diagnostik und eine intensiv-medizinische Überwachung und Therapie die Prognose des zerebralen ischämischen Insultes erheblich verbessern könnte.

Es gibt inzwischen zahlreiche Untersuchungen, die Erfolge in der Behandlung des Schlaganfalles, vor allem auch bei geriatrischen Patienten, eindrucksvoll aufzeigen. Neben einer Basistherapie zur Wiederherstellung bzw. Aufrechterhaltung der Vitalfunktionen und dem Einsatz von Substanzen, die unmittelbar in den Hirnstoffwechsel eingreifen, sind es vor allem physiotherapeutische, ergotherapeutische oder logopädische Behandlungsmaßnahmen, die bereits in der Akutphase begonnen und in der unmittelbar und nahtlos sich anschließenden rehabilitativen Therapiephase gezielt und intensiv fortgeführt werden müssen. Bei wenigstens zwei Drittel der betagten, ja sogar hochbetagten Patienten, die die akute Krankheitsphase überlebt haben, läßt sich dadurch eine dauerhafte Abhängigkeit und Pflegebedürftigkeit verhindern.

Ätiologie und Pathogenese: Beim Schlaganfall des alten Menschen handelt es sich in 80% der Fälle um einen ischämischen Insult, d.h. eine Durchblutungsstörung aufgrund eines Gefäßverschlusses (Hirninfarkt). Nur in 10 – 15% wird ein Schlaganfall beim alten Menschen durch eine Blutung ausgelöst, weitere Ursachen sind bösartige Neubildungen, Metastasen oder Hirnembolien.

Auch für den Schlaganfall spielen Veränderungen am Gefäßsystem die entscheidende Rolle. Risikokrankheiten wie Hochdruck, Diabetes mellitus, Fettstoffwechselstörungen oder Übergewicht und Bewegungsmangel sind auch hier von wesentlicher Bedeutung bei der Entstehung eines Hirninfarktes. Neben den eigentlichen Ursachen spielen aber auch auslösende Faktoren eine wichtige Rolle. So können eine Herzinsuffizienz oder Herzrhythmusstörungen, die u. a. die Fließeigenschaften des Blutes im Sinne einer peripheren Verlangsamung des Blutflusses beeinträchtigen, einen akuten Gefäßverschluß bewirken. Ein starker Blutdruckabfall durch blutdrucksenkende Medikamente, eine Eindickung des Blutes durch Flüssigkeitsverlust, Fieber oder hohe Dosen wassertreibender Medikamente kommen ebenso als Auslöser für einen Schlaganfall in Betracht. Typisch für den ischämischen Insult ist sein Auftreten in der Nacht bzw. in den frühen Morgenstunden im Tiefschlaf, wenn Blutdruck und Puls durch das Überwiegen des Vagusnerven am niedrigsten und am langsamsten reguliert sind. Dagegen treten Hirnblutungen eher untertags, nach Belastungen und oft mit Kopfschmerzen verbunden auf.

Symptome: Die Symptome sind sehr vielseitig, je nachdem, welche Anteile des Gehirns durch die Durchblutungsstörung geschädigt sind. Fast ausnahmslos finden sich Störungen des Bewußtseins bis hin zum tiefen Koma, motorische Ausfälle, meist in Form einer halbseitigen Schwäche oder Lähmung, Sprachstörungen, Gesichtsfeldausfälle oder Schluckstörungen. Die Patienten sind im akuten Stadium meist nicht in der Lage, Stuhl- und Urinabgang zu kontrollieren. Der zerebrale Insult gilt heute ebenso als ein medizinischer Notfall wie der Herzinfarkt.

Therapie: Das bedeutet, daß Patienten mit diesem Krankheitsbild, auch wenn es nur in einer leichteren Form vorhanden ist, rasch und unmittelbar einer klinischen Diagnostik und Behandlung zugeführt werden müssen. Nur so ist es möglich, dem Patienten die bestmögliche Therapie angedeihen zu lassen und ihn eventuell vor einer dauerhaften Unselbständigkeit zu bewahren.

Eine Sonderform der zerebralen Ischämie stellt die *transitorisch-ischämische Attacke* (TIA) dar. Es handelt sich um ein flüchtiges ischämisches Geschehen, das Sekunden, Minuten, allenfalls bis zu 24 Stunden dauern kann. Alle Symptome aber bilden sich im genannten Zeitraum wieder vollständig zurück. Transitorischen Attacken kommt deshalb eine so wesentliche Bedeutung zu, da es sich nach übereinstimmender Meinung und Erkenntnis um ein Warnsignal, einen Vorläufer des eigentlichen Schlaganfalls handelt. Mit großer Wahrscheinlichkeit nämlich erleiden zwischen einem und zwei Drittel der Patienten mit einer TIA im Zeitraum von fünf Jahren einen kompletten Schlaganfall, die Hälfte sogar bereits innerhalb eines Jahres.

Symptome: Typische Symptome einer transitorischen Attacke sind vorübergehender Schwindel, Gesichtsfeldausfälle, kurzzeitige Sprachstörungen, Schwäche in einer Hand, einem Arm, im Bein, Übelkeit und Erbrechen, manchmal Gangstörungen bis hin zu Stürzen. Da die Symptome nicht selten nach kurzer Zeit wieder völlig verschwunden sind, werden sie vom Patienten oder seinen Angehörigen nicht so ernst genommen wie es eigentlich notwendig wäre. Sie müssen aber sehr ernst genommen werden, und im Rahmen einer eingehenden Untersuchung muß nach den Ursachen für die transitorische Attacke gesucht und entsprechende therapeutische Konsequenzen müssen gezogen werden. Nur so ist es möglich, eine schwere zerebrale Durchblutungsstörung zu verhindern und den Patienten möglicherweise vor bleibenden Ausfällen zu bewahren.

Diabetes mellitus

Ätiologie und Pathogenese: Beim *Diabetes mellitus* handelt es sich um eine Stoffwechselstörung, die vornehmlich den Kohlenhydratstoffwechsel, aber auch den Fett- und Eiweißstoffwechsel beeinträchtigt. Bei der Entstehung der Erkrankung spielt ein genetischer Faktor eine wesentliche Rolle. Dies gilt insbesondere für den juvenilen, Typ-I-Diabetes. Der Typ II, Erwachsenen- oder auch Altersdiabetes genannt, entsteht im mittleren oder höheren Lebensalter, oft im Zusammenhang mit Übergewicht oder Fehlernährung. Der bevorzugte Lebensabschnitt für die Erstmanifestationen des Erwachsenendiabetes liegt zwischen dem 50. und 65. Lebensjahr.

Symptome: Typische Symptome für einen Diabetes mellitus sind:

- Übermäßiges Durstgefühl,
- häufiges, vermehrtes Wasserlassen,
- allgemeine Müdigkeit, Abgeschlagenheit und körperliches Schwächegefühl,
- Gedächtnis- und Konzentrationsstörungen,
- beginnende Bewußtseinsstörungen bis hin zum Koma.

Indirekte Symptome sind Hauterkrankungen wie Hautjucken, Furunkulosen, Karbunkel, Sehverschlechterung, Harnwegsinfekte oder Nervenentzündungen.

Ursache hierfür sind die durch absoluten oder relativen Insulinmangel bedingten erhöhten Blutzuckerwerte sowie eine Übersäuerung des Blutes durch verstärkten Eiweißabbau (Ketoazidose). Letztere ist für die Ausfälle im zentralen Nervensystem verantwortlich (Bewußtseinsstörungen, Verwirrtheit, Koma).

Therapie: Ist einmal die Diagnose gestellt, so kann durch eine Therapie das Beschwerdebild rasch gebessert werden. Basis einer jeglichen diabetischen Behandlung ist die Diät. Die diabetische Diät bedeutet nicht Verzicht, sondern ausgewogene gesunde Ernährung. Verzichtet werden muß im wesentlichen nur auf die Zufuhr reinen Zuckers. Alles andere kann mit wenigen Ausnahmen erlaubt werden, erforderlich ist allerdings ein ausgewogenes Verhältnis von Kohlenhydraten, Eiweiß und Fett bei angepaßter Gesamtkalorienmenge. Neben der Regel, die Gesamtkalorien auf mehrere kleinere Mahlzeiten zu verteilen, spielt vor allem die körperliche Aktivität zur Verbesserung des Zuckerstoffwechsels eine entscheidende Rolle. Gleichzeitig muß eventuell vorhandenes Übergewicht abgebaut werden.

Nicht selten gelingt es dadurch, Patienten ohne medikamentöse Therapie auf zufriedenstellende Blutzuckerwerte einzustellen. Wo eine medikamentöse Therapie erforderlich ist, können Substanzen eingesetzt werden, die die Insulinreserven aus der Bauchspeicheldrüse mobilisieren, oder, wo Insulinmangel besteht, muß dieser durch tägliche Injektionen von Insulin ausgeglichen werden. Nur bei möglichst optimalen Zukkerwerten, Normalgewicht und regelmäßiger körperlicher Aktivität ist es möglich, Komplikationen, insbesondere Spätkomplikationen, nach Jahren des Lebens mit der Zuckerkrankheit zu vermeiden. Diese treten vor allem am Augenhintergrund, den Nieren, bestimmten Nerven und an der Haut auf. Ursache sind sogenannte *Mikroangiopathien* (Verschlüsse in den kleinen und kleinsten Gefäßen), die zu Sehstörungen (Retinopathie), Niereninsuffizienz (Nephropathie) oder Nervenlähmungen (Neuropathie) führen können bzw. das Bild des sogenannten „diabetischen Fußes“ verursachen. Letzterer ist geprägt durch das diabetische Ulcus, die diabetische Gangrän bzw. superinfizierte Pilzinfektionen.

Zwei Komplikationen der Zuckerkrankheit sind gesondert zu benennen:

Beim *diabetischen Koma* kommt es zu exzessiv hohen Blutzuckerwerten, die bis über 1000 mg/dl ansteigen können. Je nachdem, ob gleichzeitig eine Übersäuerung (Azidose) des Blutes besteht, ist das Bewußtsein der Patienten bis hin zum tiefen Koma beeinträchtigt. Das diabetische Koma hat heute an Schrecken verloren, da durch Kenntnis der besonderen Stoffwechselvorgänge eine gezielte und erfolgversprechende Therapie möglich ist.

Gefährlicher und für den Patienten bedrohlicher kann sich ein *diabetischer Schockzustand* (Hypoglykämie) auswirken. Hierbei sinkt der Blutzucker unter die kritische Grenze, bei der es durch Glukosemangel im Gehirn zu typischen Ausfallerscheinungen kommt. Eine Hypoglykämiegefahr ist besonders beim älteren Menschen schon bei Blutzuckerwerten unter 40 mg/dl gegeben. Bereits bei Blutzuckerwerten unter 20 mg/dl kann es zu schweren Bewußtseinsstörungen (Verwirrtheit, Desorientiertheit) kommen, bei weiterem Abfall des Blutzuckers drohen Bewußtlosigkeit und zerebrale Krämpfe (Glukosemangel).

Verantwortlich für derart gefährliche Unterzuckerungen sind in der Regel Fehler in der Diät bzw. in der Verabreichung der blutzuckersenkenden Medikamente. Die Gefährdung des Patienten in der Hypoglykämie ist durch eine Hirnschädigung infolge des Glukosemangels gegeben. Das Gehirn kann seinen Stoffwechsel nahezu ausschließlich aus Glukose bestreiten und reagiert auf längeren bzw. ausgeprägten Glukosemangel möglicherweise mit einem bleibenden Hirnschaden. Patienten mit drohender Hypoglykämie, die sich anfänglich vor allem durch kalten Schweißausbruch, Blässe und Mundtrockenheit bemerkbar macht, müssen daher sofort durch Traubenzuckerlösungen oral oder intravenös aus dieser kritischen Situation befreit werden. Keinesfalls dürfen sie zusätzlich noch körperlichen Belastungen ausgesetzt werden.

Ältere Diabetiker, die durch nächtliche Verwirrtheitszustände auffallen, tagsüber aber ausnahmslos ohne derartige Symptome sind, sollten auf nächtliche Hypoglykämien hin untersucht werden. Häufig führt nämlich die diabetische Abendmedikation und eine unzureichende Nahrungszufuhr zum Abfall des Blutzuckers während der Nacht und den genannten Unruhe- und Verwirrtheitszuständen, die in diesem Fall nicht selten als dementielles Syndrom mißdeutet werden.

Atemwegserkrankungen

Ätiologie und Pathogenese: *Erkrankungen der Atemwege* haben im höheren Lebensalter eine wesentliche Ursache in den physiologischen Veränderungen der Lunge, der Bronchien, aber auch des Brustkorbs, insbesondere den Veränderungen an Rippen, Wirbelsäule sowie Atemmuskulatur.

Die Beweglichkeit des knöchernen Thorax läßt mit zunehmenden Alter nach. Die knorpeligen Ansätze der Rippen am Brustbein lagern vermehrt Kalk ein („verknöchern"), die Wirbelsäule krümmt sich (Kyphose) oder verbiegt sich (Skoliose), die Zwischenrippenmuskulatur verkümmert im Hinblick auf ihre Bedeutung als Atemmuskulatur. Die Vitalkapazität nimmt ab (Faßthorax). Das Lungengerüst zwischen den atmenden Hohlräumen verliert seine Elastizität, die Scheidewände zwischen den Lungenbläschen überdehnen sich, es entstehen größere und große lufthaltige Hohlräume, die Lunge ist wie „aufgeblasen". Es ist das sogenannte *Emphysem* entstanden. Altersthorax und Emphysem bereiten den Boden für die chronischen Atemwegserkrankungen, insbesondere die *chronisch-obstruktive Bronchitis* und gefährden den älteren Menschen im Zusammenhang mit Lungenentzündungen oder Unfällen mit Verletzungen des Brustkorbs erheblich. Die eingeschränkte Lungenfunktion behindert den Gasaustausch, die verminderte Kraft beim Abhusten verzögert die Heilung. Emphysem und chronische Bronchitis vermischen sich bzw. beeinträchtigen sich oft gegenseitig im Sinne der Verschlimmerung des jeweiligen Grundleidens. Daraus ergeben sich für die Behandlung von Atemwegserkrankungen im Alter zwei wichtige Kriterien:

- Konsequente, schleimlösende, antibakterielle Behandlung einschließlich Inhalationen bzw. Überdruckbeatmung.
- Unterstützende physiotherapeutische Behandlungen durch atemgymnastische Übungen, evtl. Klopfmassagen, letztere insbesondere dann, wenn sich schon Bronchiektasen, d.h. erweiterte mit infektiösem Sekret angefüllte Aussackungen der Bronchien gebildet haben.

Arthrosen

Ätiologie und Pathogenese: Die degenerativen Erkrankungen des Stütz- und Bewegungssystems werden unter dem Begriff *Arthrosen* zusammengefaßt. Im Zentrum des Krankheitsprozesses steht der Gelenkknorpel. Im Verlauf der Erkrankung werden dann weitere Gelenkbestandteile, wie Gelenkkapsel, gelenknahe Knochenanteile sowie die gelenkflüssigkeitproduzierende Schleimhaut (Synovia) und letzten Endes Muskulatur und Bandapparat des betreffenden Gelenkes in den Krankheitsprozeß einbezogen. Es kommt zu Knorpelzerstörungen und Veränderungen der Struktur durch schmerzhafte An- und Umbauvorgänge und letzten Endes zu Deformierungen im betroffenen Gelenk. Es resultieren schmerzhaft eingeschränkte Belastbarkeit, Fehlstellungen und Fehlhaltungen, die den gesamten Krankheitsprozeß weiter im Sinne einer fortschreitenden Verschlimmerung beeinträchtigen. Entzündliche Veränderungen (Schwellung, Rötung, Erguß) können sich hinzugesellen. Der Unterschied zur Arthritis, der primär entzündlichen Gelenkerkrankung (z.B. akute oder chronische Polyarthritis, Gicht), besteht jedoch darin, daß die Arthrose immer einer vorausgehenden Störung (Knorpelschädigung) folgt, die Arthritis aber selbst für Entstehen und Fortschreiten der Gelenkveränderungen verantwortlich ist. Ursächlich für diese typische Alterskrankheit dürfte wohl eine Störung in der Funktion des Knorpels selbst sein. Das Knorpelgewebe hat keine eigene Blutversorgung. Es wird durch Diffusion über den Knochen versorgt und ist somit abhängig von einer guten Durchblutung und einem funktionierenden Stoffwechsel des Knochens, dem es anhaftet. Je nach Beanspruchung und Belastung sind die verschiedenen Gelenke bevorzugt von degenerativen Veränderungen befallen, so vor allem das Hüftgelenk, die Lendenwirbelsäule, das Kniegelenk, die Halswirbelsäule und die distalen Fingergelenke.

Man unterscheidet die *primären Arthrosen,* für deren Entstehung sich zunächst keine genauen Ursachen feststellen lassen; ein gehäuftes familiäres Auftreten läßt aber eine genetische Komponente vermuten. Dagegen lassen sich für die *sekundären Arthrosen* verursachende Risiken, wie angeborene oder erworbene Fehlstellungen im betroffenen Gelenk (X-, O-Beine, Senkfuß) oder in Fehlstellung geheilte Frakturen oder dauerhafte Fehlhaltungen im Beruf, aber auch ein erhebliches Übergewicht feststellen.

Symptome: Die Beschwerden sind unterschiedlich, im Vordergrund aber steht die schmerzhafte Bewegungseinschränkung im betroffenen Gelenk. Auch Ruheschmerzen, die in die Umgebung ausstrahlen, sind nicht selten. So kann ein HWS-Syndrom Kopfschmerzen verursachen, eine Coxarthrose Schmerzen im Bereich des Oberschenkels oder des Knies. Es lassen sich unter Umständen Symptome einer entzündlichen Gelenkerkrankung wie Rötung, Schwellung oder Ergußbildung als Folge der degenerativen Veränderungen feststellen. Im Verlauf kommt es dann zu den zunächst nur radiologisch nachweisbaren Ab- und Umbauerscheinungen, bald aber auch zu sichtbaren Fehlstellungen und Fehlhaltungen im Gelenk, ja der Körperhaltung insgesamt.

Die am häufigsten betroffenen Gelenke sind das Hüftgelenk (Coxarthrose), das Kniegelenk (Gonarthrose), das wohl am häufigsten betroffene Gelenk, außerdem die Wirbelsäule, wo sich die eindrucksvollsten Ab-, Um- und Anbauveränderungen manifestieren. Je nach Belastung sind einzelne Abschnitte der Wirbelsäule besonders betroffen (Lumbalsyndrom, Ischialgiesyndrom, HWS-Syndrom).

Therapie: Sie orientiert sich zunächst an den möglichen Risiken für die Entstehung und das Fortschreiten der Erkrankung. Es gilt, falsche Sitz-, Steh- oder Liegegewohnheiten zu ändern, sei es zu Hause, in der Freizeit oder im Berufsleben. Übergewicht muß abgebaut werden, Bewegung, wenn möglich sportliche Betätigungen müssen aktiviert werden. Rechtzeitig sind Hilfsmittel zur Entlastung der betroffenen Gelenke angezeigt (Einlagen, Bandagen, Gehhilfen).

Sofern keine akut entzündlichen Komplikationen gleichzeitig vorhanden sind, steht die Physiotherapie im Vordergrund aller therapeutischen Bemühungen. Unterstützend müssen zur Linderung bzw. zur Beseitigung der schmerzhaften Bewegungseinschränkungen in erster Linie entzündungshemmende Medikamente, unter Umständen aber auch stark wirksame Schmerzmittel eingesetzt werden. Ruhigstellung und Schonung befallener Gelenke ist eigentlich nur bei schweren Reizzuständen des betroffenen Gelenkes zu vertreten. In diesem Fall sind eine entsprechende entlastende Lagerung oder systemische entzündungshemmende oder schmerzstillende Therapie angezeigt.

Osteoporose

Ätiologie und Pathogenese: Die *Osteoporose* ist die wichtigste, gleichzeitig aber auch die hinsichtlich ihrer Komplikationen bedeutendste Erkrankung des Skelettsystems im Alter. Der „poröse" Knochen entsteht durch Verlust der stabilisierenden Knochenmasse. Qualität und Struktur des Restknochens bleiben im Gegensatz zu anderen den Knochen zerstörenden Erkrankungen erhalten. Die Osteoporose als Krankheit des alternden Menschen ist dabei zu unterscheiden von der Altersatrophie des Skelettsystems, von der alle Knochen mehr oder weniger gleichzeitig betroffen sind.

Einer *primären Osteoporose* liegen in der Regel keine erkennbaren Ursachen zugrunde, wie dies z. B. bei der Altersosteoporose (senile Osteoporose) der Fall ist. Eine *sekundäre Osteoporose* dagegen hat eine erkennbare Ursache, die in erster Linie durch die Beeinträchtigung des Knochenstoffwechsels das Krankheitsbild auslöst. Hierzu gehören:

- Nebenschilddrüsenüberfunktion (Hyperkalzämie),
- Überfunktion der Nebennierenrinde bzw. eine hochdosierte Langzeitkortisontherapie (Morbus Cushing),
- Diabetes mellitus (Eiweißstoffwechselstörung),
- Störung der Kalziumresorption (Magen-Darm-Erkrankungen).

Aber auch infolge von Erkrankungen, die ein länger anhaltendes oder dauerhaftes Immobilisationssyndrom bedingen, kommt es zu einer allgemeinen Osteoporose durch mangelhafte oder fehlende Belastung des knöchernen Skeletts. Heute sind es aber auch übermäßiger Alkohol- bzw. Nikotinkonsum, Übergewicht und mangelnde Bewegung, die für die Entstehung und Ausprägung osteoporotischer Veränderungen verantwortlich sind.

Frauen sind hormonell bedingt häufiger von Osteoporose betroffen als Männer. Drei von vier Osteoporoseerkrankten sind Frauen.

Insbesondere in der Postmenopause ist das Risiko einer Osteoporoseentstehung groß, vor allem dann, wenn familiär gehäuft solche Erkrankungen nachweisbar sind. Bei der Entstehung der Osteoporose spielen aber sicher auch Alternsvorgänge, also das physiologische Altern, eine erhebliche Rolle. Es erkranken nämlich aktive Senioren ebenso wie inaktive. Kalzium- oder Vitamin-D-Mangelernährung dürfte ebenfalls keine relevante Bedeutung mehr haben. Dagegen kann man feststellen, daß mit Zunahme der Lebenserwartung immer mehr Menschen an Osteoporose bzw. deren Komplikationen, wie z. B. Frakturen, erkranken, die spontan oder durch Bagatelltraumen entstehen. Typisch für die Osteoporose ist der anfänglich bevorzugte Befall bestimmter Skelettanteile. So nimmt die Erkrankung in der Wirbelsäule ihren Anfang und breitet sich von hier über das Becken und letzten Endes über das gesamte Skelett aus. Dies erleichtert eine sichere und rechtzeitige Diagnose, um entsprechende therapeutische Maßnahmen zu ergreifen. So läßt sich aufgrund gezielter Röntgenaufnahmen, einer Knochendichtemessung und einigen Laborwerten die Diagnose rasch und unbelastend für den älteren Menschen stellen. Zur Verlaufskontrolle, insbesondere der Wirksamkeit der jeweiligen Therapie, reichen Röntgenaufnahmen oder Knochendichtemessungen in regelmäßigen Abständen aus.

Symptome: Durch den Beginn der Erkrankung im Bereich der Wirbelsäule treten hier auch die ersten, zunächst recht uncharakteristischen Beschwerden auf. Sie werden vornehmlich durch Muskelverspannungen, später durch Irritationen der austretenden Nerven bzw. bei Frakturen durch die schmerzempfindliche Knochenhaut hervorgerufen. Die Beschwerden verstärken sich insbesondere bei Veränderungen der Körperhaltung und machen bald jede, vor allem abrupte Bewegung zu einer schmerzhaften Anstrengung. Der zunehmende Verlust der Knochenmasse führt, insbesondere im Bereich des spongiösen Knochens, zum Beispiel an den Wirbelkörpern zu Spontanfrakturen. Kompakter Knochen (Extremitäten) bricht bevorzugt an Schwachstellen, oft schon bei banalen Stürzen (Oberschenkelhals, Unterarm).

Therapie: Für die Therapie der Osteoporose stehen unterschiedliche Behandlungskonzepte zur Verfügung. Ungeteilte Zustimmung findet heute die Vitamin-D- und Kalzium-Substitution. Empfohlen werden u. a. Fluor, Biphosphonate und bei Frauen unter bestimmten Umständen auch eine Östrogentherapie. Ein wesentlicher Bestandteil der Therapie aber ist die Physiotherapie, eventuell auch eine vorsichtige Massagebehandlung. In Kombination mit schmerzlindernden Medikamenten gelingt es, schmerzhafte Muskelverspannungen zu lösen, um die auf Dauer vorteilhafte Bewegungstherapie gezielt einsetzen zu können.

Parkinson-Krankheit

Ätiologie und Pathogenese: Das Krankheitsbild ist, wie aus überlieferten Berichten der Antike zu entnehmen, schon in damaligen Zeiten bekannt gewesen. Der englische Arzt James Parkinson beschrieb erstmals 1817 die Krankheitssymptome, wobei für ihn der Tremor, das Zittern, das Leitsyndrom darstellte. Weltweit an Bedeutung gewann die Erkrankung, als im Anschluß an eine Grippeepidemie nach dem 1. Weltkrieg bei vielen der erkrankten Patienten, oft erst Jahre später, eine *Parkinson-Erkrankung* auftrat. Es handelte sich damals bei der Virusgrippe um ein neurotropes Virus, das bevorzugt zu Erkrankungen des Gehirns bzw. der Hirnhäute führte.

Neben dieser möglichen Ursache für das Auftreten einer Parkinson-Erkrankung, an der etwa 5% der über 60jährigen Bevölkerung erkrankt sind, kommen aber in erster Linie in Frage:

- Das idiopathische Parkinson-Syndrom. Hierunter sind all die Erkrankungen zusammengefaßt, für die man keine eigentliche Erklärung hat. Darunter fallen mehr als drei Viertel aller Parkinson-Erkrankten.
- *Seltene Ursachen* sind Zustände nach schweren Hirnverletzungen, Vergiftungen oder durch Medikamente, die direkt oder indirekt in den Hirnstoffwechsel eingreifen.

Verantwortlich für das Krankheitsbild ist ein Mangel an dem Neurotransmitter Dopamin im extrapyramidalen System, das für die unwillkürlichen Bewegungen verantwortlich ist. Diesem Dopaminmangel liegen degenerative Veränderungen bestimmter Bahnen in diesen Hirnarealen zugrunde. Neurotransmitter sind Überträgerstoffe von Nervenimpulsen von einer auf die andere Zelle. Kommt es nun zum Mangel oder gar zum Ausfall einer Überträgersubstanz, überwiegen die Einflüsse der noch vorhandenen Überträgerstoffe, wie in diesem Fall das Acethylcholin, und verursachen die entsprechenden Symptome. Darauf baut letzten Endes auch die medikamentöse Therapie auf, indem man Acethylcholin-hemmende Substanzen einsetzt bzw. Substanzen, die den Dopaminmangel ausgleichen.

Symptome: Die Symptome der Parkinson-Erkrankung, gleich welcher Ursache, bewirken ein nach außen hin ähnliches Krankheitsbild. Während die Frühsymptome für den nicht Erfahrenen oft schwer als Beginn einer Parkinson-Erkrankung zu erkennen sind, bereitet die Diagnosestellung in fortgeschrittenen Stadien oder gar beim Vollbild der Erkrankung in der Regel keine Schwierigkeiten. Nach wie vor bilden der klinische Blick und die Erfahrung zu Lebzeiten des Patienten die relevanten diagnostischen Meßgrößen.

Die Krankheit beginn meist jenseits des 60. Lebensjahres, somit handelt es sich um eine typische Alterskrankheit, auch wenn zunehmend schon bei jüngeren Menschen das Bild der Parkinson-Erkrankung festzustellen ist. Da die therapeutischen Erfolge besonders bei frühzeitigem Behandlungsbeginn eindrucksvoll sind und nur in diesen Fällen ein Fortschreiten der Erkrankung erheblich verzögert werden kann, kommt der Diagnosestellung im Anfangsstadium eine besondere Bedeutung zu. Frühsymptome sind zum Beispiel:

- Muskelverspannungen, besonders im Arm-, Schulter-Nackenbereich, die zunächst an rheumatische Beschwerden, an Muskelkater oder ein Halswirbelsäulensyndrom erinnern.

- Das Bild des Zahnradphänomens (abgehackte, ruckartige Bewegungen) kann bei vielen Patienten schon früh nachweisbar sein.
- Die Feinmotorik (Anziehen, Körperpflege, Nahrungsaufnahme, Bedienung von technischen Geräten) einschließlich des Schriftbildes (Mikrographie) ist gestört.
- Der Gang wird unsicher (Gleichgewichtsstörungen).
- Die Stimmung ist eher depressiv geprägt, oft schon bevor andere Symptome erkennbar sind, Antrieb und Aktivität lassen merklich nach.

Das Vollbild der Parkinson-Erkrankung ist durch die bekannten Symptome gekennzeichnet wie:

- Typische vornübergebeugte Körperhaltung und trippelnder kleinschrittiger Gang.
- Die Sprache wird leiser, undeutlicher.
- Der Tremor, das Zittern, meist ein grobes Zittern in Ruhe, läßt bei gezielten Bewegungen häufig nach oder verschwindet ganz.
- Die Gesichtszüge sind starr, maskenhaft, die Haut wirkt durch vermehrte Talgproduktion fettig.
- Die Muskelverspannungen sind jetzt ausgeprägt nachweisbar. Alle Bewegungsabläufe sind noch weiter verlangsamt, so daß die Patienten ohne fremde Hilfe nicht mehr zurecht kommen.
- Die Beeinträchtigung des unwillkürlichen Nervensystems führt neben den beschriebenen Hautveränderungen zusätzlich zu oft hartnäckiger Verstopfung.
- Die psychischen Veränderungen nehmen zu, die Patienten werden ängstlich, weinerlich, ziehen sich zurück oder meiden jegliche fremde Umgebung.

Therapie: Eine erfolgreiche Therapie, die letzten Endes nur das Fortschreiten der Erkrankung verlangsamt, verlangt eine frühzeitige Diagnose! Nur dann ist es möglich, mit einer niedrig dosierten Monotherapie erfolgreich den Verlauf der Erkrankung zu beeinflussen, ohne daß die zum Teil erheblichen Nebenwirkungen der Therapie in Kauf genommen werden müssen. Durch Kombination verschiedener Medikamente und Steigerung der Dosis kann die Symptomatik heute für Patient und Angehörige viele Jahre zufriedenstellend beherrscht werden. Wo unbeeinflußbar starker Tremor vorhanden ist, können durch stereotaktische Operationen Verbesserungen erzielt werden.

Ebenso wichtig aber ist, daß schon frühzeitig begleitend eine gezielte physio- bzw. ergotherapeutische Behandlung begonnen wird. Sie verbessert nicht nur die motorischen Funktionen, sondern führt gleichzeitig auch zu einer positiven Beeinflussung der psychischen Auswirkungen des Krankheitsbildes.

3.3.2 Alterstypische Komplikationen bei akuten oder chronischen Krankheiten

Sie sind fast ausschließlich Folgen mangelhafter körperlicher Aktivität, fehlender oder beeinträchtigter Mobilisierung, eventuell auch ausgelöst durch Nebenwirkungen verschiedener, insbesondere zentralwirksamer Pharmaka. Bedingt durch Zweit- oder Dritterkrankungen und reduzierte Belastbarkeit des älteren Menschen sind Erkrankungen, vor allem wenn sie eine längere Bettlägerigkeit zur Folge haben, mit einer Reihe von Risiken für den älteren Patienten verbunden. Eine verminderte kardiale oder pulmonale Belastbarkeit kann zu unzureichender Ventilation oder verminderter Durchblutung führen. Eine oberflächliche Atmung und mangelnde Fähigkeit zu gründlichem Abhusten erhöhen die Gefahr von bronchopulmonalen Infekten. Der Patient verliert im zunehmenden Immobilisationssyndrom die Fähigkeit zu Gehen, zu Stehen, zu Sitzen, sich selbständig im Bett zu bewegen. Es wird für ihn immer problematischer, ausreichend Nahrung und Flüssigkeit zu sich zu nehmen; er verliert die willkürliche Kontrolle über Blase und Darm.

Sobald der Patient seine Körperhaltung durch den Verlust der neuromuskulären Leitfähigkeit nicht mehr selbständig kontrollieren bzw. korrigieren kann, kommt es zu einer rasch fortschreitenden Einschränkung der Bewegungsfähigkeit in zahlreichen Gelenken und letztendlich zu Spastik und Kontrakturen, insbesondere in Knie-, Hüft-, Schulter- und Ellenbogengelenken. Als Folge dieses Immobilisationssyndroms treten Komplikationen auf, die zum Teil weit schwerwiegender sind, als die Grunderkrankung und nicht selten trotz wochenlanger intensiver, auch stationärer Therapiemaßnahmen, nicht beherrschbar sind. Neben der Anfälligkeit für Thrombosen und Thrombembolien sind es vor allem bronchopneumonische Infekte, Dekubitalgeschwüre, das Dehydratationssyndrom und nicht zuletzt Kontrakturen verschiedenster Lokalisation und Ausprägung. Dieser Teufelskreis gilt es durch gemeinsames intensives Bemühen aller am Genesungsprozeß Beteiligten zu durchbrechen und die jeweilige Grunderkrankung ohne Komplikation erfolgreich zu behandeln.

Thrombosen

Ätiologie und Pathogenese: Tiefe *Beinvenenthrombosen* sind eine gefürchtete Komplikation bei älteren Patienten, die aufgrund unterschiedlicher Grunderkrankungen längere Zeit bettlägerig bzw. immobil sein müssen. Venöse Thrombosen entstehen meist über kleine Gefäßwandschäden: Thrombozytenklumpen haften hier an, und über Fibrineinlagerungen und Ablagerungen von roten Blutkörperchen kommt es dann zum typischen venösen „roten Thrombus". Besonders gefährdet sind Patienten, bei denen bereits aus der Vorgeschichte Venenerweiterungen, Venenentzündungen oder gar Thrombosen bekannt sind. Risikofaktoren, wie Übergewicht, bestimmte Stoffwechselstörungen (Diabetes, Fettstoffwechselstörungen), aber auch Hochdruck, Herzerkrankungen, vorübergehende Bluteindickungen durch Austrocknung oder anhaltendes Fieber erhöhen die Bereitschaft zur Ausbildung venöser Thrombosen.

Symptome: Da eigentlich nur der kleinere Teil, insbesondere bei den tiefen Oberschenkel- oder Beckenvenenthrombosen, überhaupt klinische Symptome wie Schwellung, Schmerz und bläuliche Verfärbung des betroffenen Beines verursachen, kommt einer frühzeitigen und umfassenden Thromboseprophylaxe eine wichtige Bedeutung zu.

Therapie: Gefährdete Patienten sollten daher so rasch wie möglich mobilisiert werden, sie sollten insbesondere zum Aufstehen Antiemboliestrümpfe tragen und, wo immer möglich, eine Thromboseprophylaxe durch gerinnungshemmende Medikamente, wie z. B. Heparin subkutan, erhalten. Rehabilitativ-therapeutische Maßnahmen sind nur bei oberflächlichen Thrombosen erlaubt, eventuell sogar therapeutisch notwendig (Bewegung).

Lungenembolie

Ätiologie und Pathogenese: Ein ernster und lebensbedrohlicher Herz-Kreislauf-Notfall ist die *Lungenembolie.* Ursache sind meist tiefe Thrombosen der unteren Extremitäten und des Beckens. Sie können, insbesondere bei bettlägerigen Patienten, auch ohne jegliche klinische Symptomatik verlaufen. Erst die Symptome der Lungenembolie führen zur Diagnose der tiefen Thrombosen (s. gesondertes Kapitel oben). Ältere Menschen sind aus den noch zu erläuternden Gründen grundsätzlich mehr gefährdet, Thrombosen und somit Lungenembolien zu bekommen als jüngere Patienten. Wesentliche Gründe hierfür sind die verstärkte Immobilität in Zusammenhang mit schweren Erkrankungen oder operativen Eingriffen, insbesondere am Skelettsystem. Gleichzeitig finden sich bei älteren Menschen häufiger Stoffwechselstörungen, wie z.B. eine Zuckerkrankheit, eine Fettstoffwechselstörung, Übergewicht oder Verschiebungen im Mineralstoff- oder Wasserhaushalt, die zu einer erhöhten Gerinnbarkeit oder Eindickung des Blutes führen. Aber auch Herzerkrankungen, insbesondere Rhythmusstörungen, können zur Entwicklung von Thrombosen und damit zum Auslöser einer Lungenembolie werden.

Symptome: Typischerweise kommt es bei länger bettlägerigen Patienten in Zusammenhang mit dem Aufstehen oder erstmaligen Gehen oder körperlichen Anstrengungen, z. B. beim Stuhlgang, zu den charakteristischen Symptomen, wie:

- Akute Atemnot mit atemabhängigen Brustschmerzen,
- Pulsbeschleunigung,
- Gesichtsblässe bzw. Zyanose,
- zyanotisch verfärbte Hautpartien im Bereich der Schulter, des Halses oder Gesichtes (Stockscher Kragen),
- bei schweren Lungenembolien kann es akut zum Kreislaufschock kommen.

Kleinere Lungenembolien können zunächst symptomlos verlaufen, eine plötzlich feststellbare Pulsbeschleunigung in Ruhe und vornehmlich unter Belastung kann aber bereits ein Hinweis auf eine abgelaufene Lungenembolie sein. Unter diesen Umständen sollte von weiteren Belastungen, z. B. in Zusammenhang mit physikalisch-therapeutischen Maßnahmen abgesehen und eine entsprechende Diagnostik veranlaßt werden.

Bronchopneumonie

Ätiologie und Pathogenese: Eine mangelnde, oft durch körperliche Schwäche bzw. pulmonale Vorerkrankungen bedingte Ventilation, insbesondere im Bereich der hinteren unteren Lungenpartie, führt bei alten multimorbiden Patienten vermehrt zu *bronchopulmonalen Infekten.* Nicht selten ist gleichzeitig die Immunabwehr infolge der Grunderkrankung reduziert. Zusätzliche Störungen des Schluckaktes bzw. mangelhaft funktionierende Schutzreflexe erhöhen die Gefahr bronchopneumonischer Infekte durch Aspiration. Dies betrifft nicht nur die Aspiration bei der Nahrungsaufnahme, es kommt auch über das Verschlucken des normalen oder vermehrt vorhandenen Mund- und Rachensekretes zu entsprechenden Infektionen. Besonders gefährdet sind alle geschwächten Patienten, Patienten nach apoplektischen Insulten oder mit Morbus Parkinson.

Therapie: Prophylaktisch sind Atemübungen mehrmals täglich im Sitzen zu empfehlen. Nach Möglichkeit sollten die Patienten immer wieder aufgesetzt, aus dem Bett herausgesetzt, mobilisiert und zu verstärktem Abhusten angeregt werden. Notfalls müssen die Patienten zusätzlich immer wieder abgesaugt werden. Wichtig ist eine ausreichende Zufuhr von Frischluft sowie Anfeuchtung der Raumtemperatur, um einer Austrocknung der Schleimhäute (Atmen bei offenem Mund) vorzubeugen.

Dekubitus

Das Wort entstammt dem Lateinischen „decumbere" was „sich hinlegen" bedeutet. Im medizinischen Sprachgebrauch versteht man jedoch unter *Dekubitus* „Aufliegen, Wundliegen". Es handelt sich um eine lokale Druckschädigung des Gewebes. Leichte Schädigungen führen zu einer rötlichen Verfärbung, schwere Schädigungen zeigen eine blaulivide Verfärbung, die bald zum Untergang mehr oder weniger großer Gewebsanteile führt. Der geschwürige Aufbruch wird dann als Dekubitalgeschwür bezeichnet.

Dekubitalgeschwüre sind die typischen Folgen langwieriger Immobilisation. Sie erfordern oft eine wochen-, ja monatelange sowie kostenintensive Behandlung. Ein nicht vollständig bewegungseingeschränkter Kranker kann Tage oder Wochen im Bett liegen, ohne daß Druckstellen auftreten. Bei entsprechend gefährdeten Patienten kann der Aufliegedruck aber oft schon in kürzester Zeit zu einem Dekubitalgeschwür führen. Entscheidend dabei ist nicht die Stärke des Druckes, sondern die Dauer. Beständiger Druck führt zu Durchblutungsstörungen im betroffenen Bereich, der lokale Sauerstoffmangel führt zur Übersäuerung und zum Untergang von Zellgewebe. Der direkte Druck ist um so größer, je kleiner die Aufliegefläche ist, d. h. er ist dort am größten, wo das natürliche Weichteilpolster (Muskulatur, subkutanes Fettgewebe) fehlt. Daher sind exponierte Stellen vor allem dort, wo Knochen, wie z. B. am Kreuzbein, an den Fersen, an den Knöcheln oder am Trochanter major, dicht unter der Haut liegt.

Therapie: Therapeutische Ansätze zur Verhinderung bzw. Beseitigung eines Dekubitus können nur dann erfolgreich sein, wenn gleichzeitig eine gezielte Behandlung der Grundkrankheit, die zur Immobilisation geführt hat, gelingt. Entscheidend ist, neben richtigem Betten und wechselndem Lagern, die Eigenbewegung des Patienten zu fördern. Nur wenn es dem Patienten gelingt, wieder selbständig entlastende Körperbewegungen durchzuführen, ist ein wesentlicher Schritt zum erfolgreichen Abheilen eines Dekubitalgeschwürs getan. Häufiger Wäschewechsel und die Verwendung von Schaumstoffmatratzen oder Spezialbetten können nicht nur Dekubitalgeschwüre verhindern, sie können auch deren Heilung günstig beeinflussen.

Nach wie vor aber ist und bleibt die beste „Therapie" von Dekubitalgeschwüren, sie zu vermeiden! Das heißt, für gefährdete Patienten Maßnahmen zu ergreifen, die das Entstehen von Aufliegebeschwerden zuverlässig verhindern. Hierzu zählen gute und intensive Körperpflege, ausreichende kaloriengerechte Nahrung und Flüssigkeitszufuhr, Vermeiden von längerer Bettlägerigkeit, Anregung und Unterstützung zur Eigenmobilisation und, wo notwendig, auch intensive, passive oder aktiv-passive Bewegungstherapie.

Dehydratation

Das Körperwasser nimmt im Verhältnis zum Körpergewicht mit zunehmendem Alter ab. In erster Linie beruht dies wohl auf der Abnahme der interzellulären Flüssigkeit durch Reduzierung der Muskelmasse und Zunahme des Fettgewebes. Die tägliche Flüssigkeitsaufnahme und -abgabe bei gesunden Erwachsenen beträgt etwa 2,5 Liter.

Die Urinmenge entspricht etwa der Trinkmenge, die Abgabe von Flüssigkeit durch Atmung, Hautausdünstung oder den Stuhl beträgt etwa 1 Liter.

Ätiologie und Pathogenese: Durch Fieber, Schwitzen, Durchfälle, Erbrechen oder zusätzliche diuretische Therapie können rasch mehrere Liter pro Tag verloren gehen. Dies kann bei geschwächten, älteren Patienten unmittelbar zur Apathie, Blutdruckabfall und Tachykardie, zusätzlicher Schwäche, Schluckstörungen, Schädigung der Nieren und vor allem Beeinträchtigung der Hirnleistung führen. Man spricht vom sogenannten *Dehydratationssyndrom.*

Symptome: Wesentliche Merkmale sind:

- Trockene Zunge,
- Stehenbleiben der Hautfalten,
- zunehmende Schwäche und Schwindel,
- Verwirrtheitszustände, Desorientiertheit, Apathie, Koma, eventuell Krämpfe.

Die Symptome der Beeinträchtigung des zentralen Nervensystems sind insbesondere dann ausgeprägt vorhanden, wenn ungenügend Flüssigkeit zugeführt wird (hypertone Dehydratation). Krankheitssymptome durch Störungen des Wasserhaushaltes sind bei geriatrischen Patienten häufiger als allgemein vermutet. Man kann durchaus annehmen, daß ein nicht geringer Teil geriatrischer Patienten im Zusammenhang mit einer schweren Erkrankung regelrecht „verdurstet".

Therapie: Zur Vermeidung solcher, die Grunderkrankung eventuell enorm komplizierender Zustände ist es unumgänglich, auf regelmäßige ausreichende Zufuhr von Flüssigkeit und Kontrolle der Ausscheidungen, notfalls durch eine exakte Bilanzierung zu achten. Es muß bedacht werden, daß kranke, geschwächte Patienten oft unfähig sind, selbst genügend zu trinken, daß bei Fieber, Schwitzen oder anderweitigem Flüssigkeitsverlust eine zusätzliche Zufuhr von Flüssigkeit in Form von Suppen, Tee, Kaffee oder Mineralwasser notwendig ist. Wo dies auf natürlichem Wege nicht möglich ist, muß durch rechtzeitige Infusionen das Austrocknungssyndrom verhindert werden. Nur die konsequente Überwachung einer ausreichenden Flüssigkeitszufuhr und rasches Korrigieren der Störungen in der Bilanz können verhindern, daß diese leicht zu vermeidende Komplikation zu einer schweren Beeinträchtigung des Gesundheitszustandes der Patienten führt und den Genesungsprozeß alter Patienten erheblich stört.

3.3.3 Ausgewählte Gesundheitsstörungen im Alter

Bei der Behandlung multimorbider geriatrischer Patienten gibt es Gesundheitsstörungen, die in unterschiedlicher Ausprägung und Intensität immer wieder vorkommen. Sie setzen die Betroffenen nicht nur unter einen erheblichen Leidensdruck, sondern gefährden u. U. eine vorgesehene Behandlung und damit therapeutische Zielvorgaben und letzten Endes evtl. die weitere Selbständigkeit.

So können nächtliche *Schlafstörungen* bei Patienten nicht nur deren Vigilanz und Aktivität am darauffolgenden Tag beeinträchtigen, sondern auch zu einer enormen physischen und psychischen Belastung bei den Angehörigen oder Betreuenden führen. Ein regelmäßiger Schlafmittelgebrauch dagegen kann bei unkontrollierter Einnahme gefährliche Nebenwirkungen verursachen und zu einem unkontrollierten Mißbrauch führen. Einseitige oder falsche Ernährung bzw. unzureichende Flüssigkeitszufuhr sind oft ein Grund für quälende *Obstipation* und steigenden Laxantien-Abusus. *Schwindelanfälle* mit oder ohne Tinnitus verursachen u. U. gefährliche Stürze, so daß die Patienten aus Angst und Unsicherheit zunehmend immobil werden. Eine *Harninkontinenz* stellt vor allem für noch weitgehend selbständige Patienten ein großes Problem dar. Sie meiden soziale Kontakte und sehen sich außerstande, sich längere Zeit außerhalb ihres Wohnbereichs aufzuhalten. Auch ein Dauerkatheter ist letzten Endes nur eine Lösung auf absehbare Zeit, wenn Patienten selbständig bleiben wollen. Hier muß eventuell rechtzeitig ein intensives Training der Beckenbodenmuskulatur durchgeführt werden mit Anleitung zum selbständigen Üben. *Hirnleistungsstörungen* bzw. ein hirnorganisches Psychosyndrom können mit steigendem Lebensalter zunehmen. Nur anfangs oder unter bestimmten Umständen können solche Patienten noch alleine bleiben oder durch ambulante Dienste betreut werden. Nicht selten aber liegt der Beeinträchtigung der Hirnleistung eine Ursache zugrunde, die außerhalb des zentralen Nervensystems liegt und sich erfolgreich therapieren läßt.

Schlafstörungen

Schlafstörungen sind auch im Alter behandlungsbedürftig und keineswegs der Tatsache zuzuschreiben, daß Schlafbedarf bzw. Schlafdauer mit zunehmendem Alter abnehmen und daher solche Beschwerden eine „Alterserscheinung" sind. Die ca. 90 Minuten dauernden Schlafzyklen bleiben von der Jugend bis ins Alter gleich. Es ändert sich mit zunehmender Lebensdauer in erster Linie die Schlafqualität. Es kommt zu häufigerem Aufwachen und anschließendem Wachsein während der Nacht. Dafür wird dann aber tagsüber des öfteren durch kurze Schlafpausen die verlorene Schlafzeit wieder eingeholt. Insgesamt jedoch ist zwar die durchschnittliche Schlafzeit in jungen Jahren von 7 – 8 Stunden auf etwa 5 – 6 Stunden bei Betagten reduziert, diese wird aber, wenn auch fraktioniert, mit ganz wenigen Ausnahmen auch erreicht. Alte, gesunde Menschen zeigen im Schlafverhalten gegenüber jüngeren kaum wesentliche Unterschiede, so daß echte Schlafstörungen im Alter häufig durch körperliche oder psychische bzw. psychiatrische Störungen verursacht sind.

Bei Schlafstörungen im Alter ist daher neben der Erfassung der wirklichen Schlafzeit, z. B. durch Aufzeichnungen Angehöriger, immer nach körperlichen oder seelischen Krankheitszuständen zu forschen. Wichtig ist auch, inwieweit der Patient nur an Einschlafstörungen leidet oder während der Nacht immer wieder wach wird, und wie er sich in seinen Aktivitäten am folgenden Tag beeinträchtigt fühlt. Entscheidend ist auch, zu eruieren, wann der Patient sich zur Nachtruhe begibt und zu welcher Zeit er evtl. sein Schlafmittel einnimmt. Nicht wenige Patienten haben es sich angewöhnt, schon am frühen Abend (19.00 Uhr/20.00 Uhr) ins Bett zu gehen. Unter diesen Umständen ist es verständlich, daß der Patient nach 5 – 6 Stunden, das heißt also wenige Stunden nach Mitternacht wieder wach ist. In diesem Fall würde es wahrscheinlich ausreichen, dem Patienten zu raten, später zu Bett zu gehen. Auf der anderen Seite ist im höheren Lebensalter eine Schlafdauer weit über dem Durchschnitt hinaus oder ein enormes Schlafbedürfnis nicht beneidenswert, sondern eher Anlaß, nach organischen Krankheiten zu forschen.

Therapie: Die Therapie von Schlafstörungen im Alter besteht also zunächst darin, „vernünftige" nächtliche Schlafzeiten einzuhalten und auf liebgewonnene kurze Schlafperioden während des Tages notfalls zu verzichten. Die Patienten sollten darüber hinaus, soweit es ihrem körperlichen Zustand zuträglich ist, zu vermehrter körperlicher und geistiger Aktivität angehalten werden. Organische oder psychische Störungen, auch wenn sie zunächst nicht im Verdacht stehen, für die Schlafstörungen verantwortlich zu sein, sollten konsequent behandelt werden. Dies betrifft insbesondere eine Herzinsuffizienz, Herzrhythmusstörungen, eine Verlangsamung des Pulsschlages oder starke Blutdruckschwankungen, insbesondere im Sinne von hypotonen Dysregulationen. Hier empfiehlt es sich, zum Schlafen eine kreislaufanregende Medikation zu verordnen (z. B. Koffeincompretten) anstatt zur Therapie mit Beruhigungs- oder Schlafmitteln zu greifen. Schlafstörungen können auch medikamentös bedingt sein, so z. B. wenn durch eine Diabetestherapie nächtliche hypoglykämische Zustände auftreten.

Nicht leicht zu beherrschende Schlafstörungen sind solche, die im Zusammenhang mit einem zunehmenden dementiellen Syndrom oder schweren Hirnleistungsstörungen auftreten. Nur wenn es gelingt, die Hirnleistung auf höherem Niveau zu stabilisieren, kann man auch mit einer Verbesserung der Schlafstörungen rechnen. Wo aber eine kausale Therapie nicht möglich ist, kann letzten Endes auf eine zusätzliche medikamentöse Therapie nicht verzichtet werden. Sie verhilft dem Patienten u.U. nicht nur zu einem erholsameren Schlaf, sondern befreit auch die den Patienten Betreuenden von einer z.T. kaum mehr zu bewältigenden körperlichen und psychischen Beanspruchung. Bevorzugt sollten heute Substanzen eingesetzt werden, deren Halbwertszeit nur wenige Stunden beträgt, um das Problem des morgendlichen Überhangs zu vermeiden. Oft genügen bereits nebenwirkungsarme bzw. -freie Phytopharmaka auf Hopfen- oder Baldrianbasis, selbst wenn sie nur einen Placeboeffekt entfalten sollten. Zu vermeiden sind in jedem Fall Substanzen, die in Kombination mit Neuroleptika oder Psychopharmaka nicht abschätzbare Nebenwirkungen, wie z.B. Verwirrtheit, Halluzinationen oder Hyperkinesien, auslösen können.

Inkontinenz

Urin- oder Stuhlfunktion nicht mehr unter Kontrolle zu haben, kann für den älteren Menschen, vor allem aber für pflegende Angehörige, zu einer enormen Belastung werden. Die dabei verständlicherweise geübte Zurückhaltung bei der Darlegung des Problems auch dem behandelnden Arzt gegenüber verhindert nicht selten eine frühzeitige und möglicherweise vollständige Beseitigung dieses Symptoms. Zu groß ist die psychische Barriere, über diese „Peinlichkeiten" zu berichten. Vielmehr ziehen sich solche Patienten immer mehr zurück, meiden Kontakte zur Umwelt, Arztbesuche oder notwendige Therapien zur Verbesserung ihrer körperlichen oder geistigen Leistungsfähigkeit. Um so mehr ist es unsere Aufgabe als Behandelnde, Pflegende oder Betreuende bei entsprechenden Hinweisen auf den Patienten einzugehen, eine gründliche Diagnostik vorzuschlagen, um gegebenenfalls eine Behandlung in die Wege zu leiten.

Für die viel häufigere *Harninkontinenz*, insbesondere dann, wenn nichtneurogene, lokale Ursachen vorhanden sind, bestehen gute Behandlungsmöglichkeiten. Besteht sowohl eine *Harn-* als auch eine *Stuhlinkontinenz*, so liegen dem häufiger zentrale Störungen, wie z.B. eine fortgeschrittene zerebrovaskuläre Insuffizienz, ein schweres dementielles Syndrom oder ein Zustand nach ausgedehntem apoplektischen Insult zugrunde. Hier sind die Möglichkeiten der therapeutischen Beeinflussung sehr gering, wenn nicht von vornherein ausgeschlossen. Daher ist es wichtig, zunächst zu klären, welche Ursachen für die Inkontinenz in Frage kommen, um zu entscheiden, inwieweit diagnostische und therapeutische Schritte eingeleitet werden sollten.

Harninkontinenz

Hier besteht am ehesten die Möglichkeit, den Patienten unter gewissen Umständen in seinem sozialen Umfeld zu belassen und notwendige Therapiemaßnahmen durchzuführen. Über die Anzahl harninkontinenter geriatrischer Patienten gibt es, je nach Untersuchung, sehr unterschiedliche Zahlen.

Die Angaben schwanken bei über 70jährigen Männern zwischen 15 und 25%, bei Frauen zwischen 25 und 42%. Nahezu zwei Drittel aller Untersuchten gab jedoch an, daß sie Schwierigkeiten mit dem Wasserlassen hätten und es darum vermeiden, sich längere Zeit außerhalb ihrer Wohnung aufzuhalten. Zwei Drittel der über 70jährigen müssen demnach nachts 2–4mal zum Wasserlassen aufstehen.

Ätiologie: Harninkontinez ist ein Symptom, keine Diagnose. Im wesentlichen kommen als Ursache in Frage:

- nichtneurogene, lokale Veränderungen sowie
- neurogene, überwiegend zentrale Störungen.

Es ist daher zunächst entscheidend, die richtige Diagnose zu stellen, um dann eine hilfreiche Therapie betreiben zu können. Nichts ist nämlich für den Patienten entmutigender als ein untauglicher Behandlungsversuch oder gar das unüberlegte und leichtfertige Legen eines Dauerkatheters.

Eine echte Inkontinenz liegt nur dann vor, wenn der Patient die Miktion wiederholt nicht am eigentlichen Ort oder ohne den Versuch der Kontrolle (Bettflasche) verrichtet. Wenn es dem Patienten dagegen aus unterschiedlichsten Gründen nicht gelingt, den von ihm bemerkten Harndrang rechtzeitig korrekt zu steuern, so kann durch organisatorische Korrekturen (Bettflasche, Nachstuhl, Klingel am Bett) evtl. rasch Abhilfe geschaffen werden. Ein nächtliches Einnässen im Tiefschlaf bzw. im Zusammenhang mit Blasenentzündungen kann durch Medikamente, die eine stärkere Blasenfüllung bewirken, gut behandelt werden.

Therapie: Eine nichtneurogene, lokal bedingte Inkontinenz (Prostatahypertrophie, Blasensenkung) bedarf in der Regel einer operativen Therapie. Handelt es sich um eine Harninkontinenz, die im Zusammenhang mit Arzneimittelnebenwirkungen, längerer Bettlägerigkeit oder schweren Erkrankungen auftritt, muß notfalls vorübergehend ein Dauerkatheter in Kauf genommen werden.

Neurogene Blasenstörungen stellen beim älteren Menschen dagegen die wichtigste Ursache der Inkontinenz dar.

Ätiologie: Im wesentlichen sind es organische Defekte, die vor allem im zentralen Nervensystem lokalisiert sind (z. B. fortschreitende Demenz, Multiinfarktsyndrom, apoplektischer Insult, Tumor). Je nach Ausdehnung und Schweregrad der zerebralen Schädigung sind bei bis zu 80% der Betroffenen Inkontinenzprobleme vorhanden.

Therapie: Grundsätzlich richtet sich die Therapie nach der Ursache der Inkontinenz, eine Behandlung ohne vorherige Diagnostik ist nicht vertretbar. Obwohl bei der zentralen Inkontinenz eine zufriedenstellende kausale Therapie nicht möglich ist, muß nicht gleich resigniert werden. Durch aktivierende Pflege, Toilettentraining und u. U. medikamentöse Unterstützung oder kleinere chirurgische Eingriffe kann oft noch eine deutliche Verbesserung der Inkontinez erreicht werden.

Obstipation

Bei älteren Menschen ist neben dem Essen oft die Defäkation ein zentrales Problem. Nicht nur bei kranken Bettlägerigen, auch bei vielen gesunden Alten ist der Stuhlgang und damit verbundene Unannehmlichkeiten, Besonderheiten oder Beschwerden nicht selten ein unerschöpflicher Gesprächsstoff. Unruhe kann schon bereiten, wenn die Frequenz der Toilettengänge nachläßt.

Die Patienten werden von der Sorge um ihre richtige Verdauung vereinnahmt, alles dreht sich um das „anrüchige Problem". Tradition, Erziehung, Werbung oder Veröffentlichungen in Illustrierten führen dazu, daß sich diese Patienten für obstipiert halten, wenn sie nicht täglich einmal oder häufiger ihren Darm entleeren.

Aus verschiedensten Gründen kann die Darmtätigkeit und damit auch die Darmentleerung im Alter reduziert, unregelmäßiger und u. U. auch mit abdominellen Beschwerden verbunden sein, ohne daß man hier von einer Obstipation im eigentlichen Sinne sprechen kann. Als obstipiert kann gelten, wer seltener als alle 2–3 Tage seinen Stuhl entleert. Symptome wie seltener Stuhldrang, geringe Stuhlmenge, harter Stuhl oder Schmerzen bei der Entleerung, Meteorismus und dergleichen reichen für die Diagnose „Obstipation" nicht aus, man könnte hier eher von einer Pseudoobstipation sprechen. Nach objektiven Untersuchungskriterien besteht bei maximal 20–25% der älteren Menschen eine Verstopfung, über 40% jedoch klagen darüber.

Ätiologie: Für eine *echte Obstipation* gibt es sowohl funktionelle als auch organische Ursachen. Zu den funktionellen Ursachen (etwa 80%) zählen:

- Mangel an Quell- und Ballaststoffen in der Nahrung,

- Mangel an körperlicher Bewegung,
- mangelnde Flüssigkeitszufuhr,
- Laxsantien-Abusus,
- Psychische Einflüsse,
- Arzneimittel.

In jedem Fall aber sollte bei Klagen über Obstipation im Alter eine ernsthafte organische Erkrankung ausgeschlossen werden. In Frage kommen:

- Tumore, Divertikulosen,
- Stoffwechselerkrankungen (Schilddrüse, Nebenschilddrüse, Diabetes) oder gefährliche Elektrolytstörungen.

Therapie: Bei der Therapie der funktionellen Ursachen kommen der Umstellung der Eßgewohnheiten, einer ausreichenden Flüssigkeitszufuhr und regelmäßiger körperlicher Aktivität eine entscheidende Bedeutung zu. Zur Unterstützung können zusätzlich Ballaststoffe oder Milchzucker verabreicht werden. Insbesondere die bei älteren Menschen bevorzugte einseitige Kost leicht verdaulicher Kohlenhydrate muß zugunsten einer abwechslungs- und ballaststoffreichen Ernährung geändert werden. In den Speiseplan müssen bevorzugt Obst, Salate, Vollkornbrot, Müsli und morgens und abends ein Glas Joghurt aufgenommen werden. Notfalls können gleichwertig als faserreiche Kost etwa 30 g Weizenkleie oder 3 – 4 im Handel erhältliche ballaststoffreiche Kautabletten täglich eingenommen werden. Zusätzliche regelmäßige körperliche Aktivität kann durch selbsterlernte abdominelle Massagen unterstützt werden, um eine weitere Anregung der Darmtätigkeit zu bewirken.

Fast immer gelingt es durch diese Maßnahmen, eine regelmäßige Stuhltätigkeit zu erreichen, den Patienten von seinen quälenden Gedanken um die Darmträgheit zu befreien und ihm wieder eine neue Lebensqualität zu geben.

Schwindel, Tinnitus

In seinem Lehrbuch aus dem Jahre 1894 bezeichnet Oppenheim den *Schwindel* noch als ein Symptom von geringem diagnostischem Wert. Richtigerweise hat Oppenheim schon damals erkannt, daß Schwindel ein häufiges, in seiner diagnostischen Wertigkeit aber unspezifisches und vieldeutiges Krankheitssymptom darstellt. Mit dem Begriff Schwindel verbinden die Patienten z. T. sehr unterschiedliche Empfindungen und Symptome, die zunächst einmal einer richtigen Einordnung bedürfen. Man muß wissen, daß auch der Schwindel lediglich ein Symptom ist und noch keine Diagnose. Schwindel tritt häufig kombiniert mit Hörstörungen, wie Hörminderung, vor allem aber mit unangenehmen Ohrgeräuschen (Tinnitus) auf.

Um eine richtige Zuordnung der Schwindelbeschwerden zu erhalten, ist in jedem Fall eine genaue Anamnese und Untersuchung erforderlich. Sie kann dem Patienten womöglich nicht nur unnötige Untersuchungen ersparen, sondern vor allem auch vor vergeblichen, vielleicht sogar gefährlichen Therapieversuchen bewahren.

Ätiologie: Die wesentlichen Ursachen für Schwindelerscheinungen im Alter sind:

- Herz-Kreislauf-Störungen, wie z.B. tachykarde oder bradykarde Rhyhtmusstörungen, spontaner oder durch Medikamente hervorgerufener starker Blutdruckabfall beim Stehen oder Gehen oder zerebrale Druchblutungsstörungen bei Multiinfarktsyndrom oder nach apoplektischen Insulten.
- Degenerative Gehirnerkrankungen, wie Demenz oder Morbus Parkinson.
- Schwere Allgemeinerkrankungen, vor allem bei Anämie, Tumorerkrankungen und nicht zuletzt entzündliche, vaskuläre oder tumoröse Erkrankungen des Innenohrs (Gleichgewichtsorgan).

Im höheren Alter stehen eindeutig Herz-Kreislauf-bedingte und degenerative Ursachen für die Schwindelbeschwerden im Vordergrund.

Symptome wie anfallsweises Schwarzwerden vor den Augen, insbesondere bei Lagewechsel vom Liegen zum Stehen, sind durch ein Orthostasesyndrom (Blutdruckabfall) bedingt. Diese Schwindelsymptomatik kann auch bei einer Therapie mit blutdrucksenkenden Mitteln oder im Zusammenhang mit zu starkem Flüssigkeitsverlust (Fieber, Schwitzen, Durchfälle, wasserausschwemmende Medikamente) auftreten.

Schwindelzustände im Zusammenhang mit kurzfristiger oder auch minutenlanger Bewußtlosigkeit können dagegen durch gefährliche Herzrhythmusstörungen verursacht sein. Über Tage oder gar Wochen anhaltender Schwindel dagegen ist meist Ausdruck einer degenerativen Hirnerkrankung. Hierbei sind oft gleichzeitig Störungen der Hirnleistung im Sinne eines dementiellen Syndroms bzw. eines Multiinfarktsyndroms zu diagnostizieren.

Werden Schwindelzustände als Drehschwindel und auch bei geschlossenen Augen vorhanden beschrieben und sind gleichzeitig *Tinnitus* und Hörstörungen vorhanden oder bei Lagewechsel Übelkeit und Erbrechen, so liegt der Symptomatik eine vestibuläre Ursache (Innenohr) zugrunde.

In jedem Fall aber können Schwindelzustände, ob sie nun immer wieder oder gar anhaltend vorhanden sind, zu einer erheblichen Beeinträchtigung des Allgemeinbefindens führen. Unsicherheit und Angst vor Stürzen führt letzten Endes dazu, daß die Patienten unselbständig werden oder sich kaum mehr außerhalb der häuslichen Umgebung aufhalten wollen.

Therapie: Nur nach gründlicher diagnostischer Klärung der Ursache der Beschwerden soll und darf ein gezielter Therapieversuch unternommen werden. Am schwierigsten zu beeinflussen und am hartnäckigsten zu therapieren sind Schwindelzustände, die zerebrovaskulär, d. h. durch zerebrale Embolien, apoplektische Insulte oder degenerative Gehirnerkrankungen, wie eine Demenz, bedingt sind. Ein Therapieversuch mit Substanzen, die den Hirnstoffwechsel oder die Hirndurchblutung verbessern können, ist gerechtfertigt. Oft gelingt es, die Beschwerden des Patienten deutlich zu lindern, selten aber, sie völlig zu beseitigen. Unter einer erfolgreichen Schwindeltherapie beobachtet man nicht selten, daß auch ein gleichzeitig vorhandener Tinnitus günstig beeinflußt werden kann.

3.3.4 Gerontopsychiatrische Aspekte

Psychopathologische Besonderheiten

Bei leichteren oder auch *leichten psychischen Auffälligkeiten* stellt sich die Frage, ob sie bereits einer echten Krankheit zugeordnet werden müssen oder ob es nur Zuspitzungen eines „normalen“ physiologischen Alterns sind. Die Übergänge von einem normalen zu einem als krankhaft zu bezeichnenden psychischen Befund bei alten Menschen sind fließend und können individuell außerordentlich verschieden sein. So können Verhaltensweisen der früheren Persönlichkeit im Alter akzentuierter hervortreten, weil im Laufe des Lebens aufgebaute Zwänge, Rücksichtnahmen oder konservative Fassaden nun keine Bedeutung mehr für den älteren Menschen haben. Es treten Verhaltensweisen an den Tag, die der Umgebung bisher verborgen geblieben sind. Bei den Betroffenen hat ein Umdenken stattgefunden. Lange unterdrückte Neigungen, Wünsche, Vorstellungen oder lebenslange Enttäuschungen werden, auch auf die Gefahr hin zu provozieren oder zu kränken, offen an- und ausgesprochen.

Davon zu unterscheiden sind *psychopathologische Veränderungen*, wie sie im Zusammenhang mit dementiellen Erkrankungen auftreten. Hier entwickeln sich aus einer bislang unauffälligen Persönlichkeit in stetem Fortschreiten in Richtung Demenz immer deutlichere Störungen der Hirnleistung und gleichzeitig auffällige Veränderungen der Persönlichkeit. Fälschlicherweise wird auch heute noch die Arteriosklerose der Hirngefäße für dieses Krankheitsbild verantwortlich gemacht („er/sie ist total verkalkt“). Dies ist schlichtweg falsch, Arteriosklerose führt nicht zu einer Demenz, sie kann allerdings den Boden für ein dementielles

Krankheitsbild bereiten, wie es z. B. beim apoplektischen Insult der Fall sein kann.

Die Erkrankung, die am häufigsten zu Störungen der Hirnleistungen führt, ist eine degenerative Erkrankung der Nervenzellen und zwar die *Alzheimer-Erkrankung* bzw. die senile Demenz vom Alzheimertyp (50%). Die Multiinfarktdemenz durch Untergang kleiner und kleinster Hirnareale infolge eines langjährigen Bluthochdrucks oder fortgeschrittener Erkrankungen des Herz-Kreislauf-Systems und des Stoffwechsels ist für 15%, Mischformen der beiden sind für etwa 25% aller dementiellen Krankheitsbilder verantwortlich.

Hirnleistungsstörungen

Hirnleistungsstörungen sind das führende Symptom aller dementiellen Erkrankungen im Alter. Ob ein Morbus Alzheimer, eine Multiinfarktdemenz, die Mischform der beiden oder Vergiftungen, die zu einer Schädigung des Gehirns führen (Alkohol, Kohlenmonoxid) vorliegen, immer stehen dabei Störungen der Hirnleistung im Vordergrund. Man kann die Störungen der Hirnleistung in zwei Komplexe unterteilen:

- *Hirnleistungsschwäche.* Sie wird bestimmt durch Störungen des Gedächtnisses, der Konzentrationsfähigkeit, des Denkens, der Auffassung, der Orientierung und der Affektivität.
- *Persönlichkeitsveränderungen.* Sie können sich dahingehend äußern, daß die ursprüngliche Persönlichkeit in ihrer Ausdrucksweise oder Reaktionsfähigkeit verflacht. Andererseits können ursprüngliche Charakterzüge im Sinne von psychopathischen Persönlichkeitsstrukturen sich ändern, oder es treten Merkmale im Persönlichkeitsverhalten auf, die den Betroffenen völlig verändern, so daß er für seine Umwelt nicht mehr wiederzuerkennen ist.

Hirnleistungsstörungen bei dementiellen Erkrankungen sind dadurch gekennzeichnet, daß sie einen fortschreitenden und in der Regel unumkehrbaren Verlauf in Richtung auf eine senile Demenz zeigen. Im Gegensatz dazu handelt es sich beim *hirnorganischen Psychosyndrom* bzw. Durchgangssyndrom um ein meist reversibles Krankheitsbild, dessen Akutsymptomatik gleichfalls sowohl Hirnleistungsschwäche als auch ausgeprägte Persönlichkeitsveränderungen aufweisen kann.

Ätiologie und Pathogenese: Als Ursache für die in der Regel akut auftretenden Symptome können unterschiedlichste organische Erkrankungen verantwortlich sein, wie z. B.

- hochfieberhafte Infekte
- Herzarrhythmien

- Austrocknung
- schwere Herzinsuffizienz

Mit Abklingen der das Psychosyndrom auslösenden Erkrankung verschwinden die Symptome der Hirnleistungsschwäche nahezu vollständig. Die Symptome sind im Gegensatz zur Hirnleistungsstörung bei seniler Demenz reversibel. Es besteht jedoch die Tendenz, daß sich solche akuten Zustände wiederholen, immer häufiger auftreten und letzten Endes in ein irreversibles, dementielles Syndrom münden.

Man findet bei Patienten mit diesem Krankheitsbild neben Zeichen einer mehr oder weniger ausgeprägten Hirnatrophie oft schwere Durchblutungsstörungen an den Halsschlagadern, ausgeprägte Stoffwechselstörungen oder dekompensierte kardiovaskuläre Erkrankungen. Für das hirnorganische Psychosyndrom sind im Gegensatz zu den degenerativen Hirnerkrankungen zumindest vorübergehend therapeutische Erfolge zu erzielen. Auch ein Fortschreiten der Erkrankung in Richtung Demenz kann hinausgezögert werden.

Therapie: Wichtig in der Therapie von Hirnleistungsstörungen ist neben der konsequenten Behandlung von organischen Störungen, die zur Hirnleistungsschwäche führen, eine medikamentöse Therapie zur Verbesserung der Hirnleistung, ein kognitives Training (Gehirnjogging) sowie eine gezielte intensive Beschäftigungstherapie.

Morbus Alzheimer

Ätiologie und Pathogenese: Die *Alzheimer-Erkrankung* wird auch als präsenile Form der degenerativen Hirnerkrankung bezeichnet. Die senile Form, die sich von der Alzheimer-Erkrankung lediglich dadurch unterscheidet, daß sie erst im höheren Lebensalter auftritt, zeigt die gleichen degenerativen Veränderungen an den Neuronen. Charakteristisch bei der Alzheimer-Erkrankung sind Amyloideinlagerungen (gallertartiger Eiweißkörper) in die geschädigten Hirnzellen. Inwieweit diese Einlagerungen das Krankheitsbild verursachen oder sekundär in geschädigte Zellen eindringen, ist bis heute nicht definitiv geklärt. Man glaubt heute zu wissen, daß ein genetischer Defekt zumindest die präsenile Demenz auslöst.

Symptome: Das Krankheitsbild beginnt schleichend, zunächst oft kaum merkbar mit Vergeßlichkeit, Desorientiertheit, Merkschwäche, aber auch Reizbarkeit und vor allem ausgeprägter zunehmender Ermüdbarkeit. Mit fortschreitendem Hirnvolumenschwund und Hirnrindenatrophie nehmen die Symptome der Hirnleistungsstörung zu, und gleichzeitig kommt es zu immer ausgeprägteren Persönlichkeitsveränderungen. Der Patient verliert zunehmend die Erinnerung an kurz zurückliegende

Ereignisse. Er ist nicht mehr in der Lage, die alltäglichen Verrichtungen wie Essen, Körperhygiene, Anziehen, Ausziehen ohne Hilfe zu bewältigen. Er nimmt nicht mehr an seiner Umwelt teil und kann auch leichtere Denkaufgaben nicht mehr lösen.

Im fortgeschrittenen Stadium, das letzten Endes in ein komatöses, finales Stadium mündet, verliert der Patient die Fähigkeit, sich zu artikulieren. Er wird völlig inkontinent und dämmert dem Tode entgegen.

Therapie: Sie kann nach wie vor nur symptomatisch sein. Man kann versuchen, und dies gelingt auch teilweise vorübergehend, das Fortschreiten der Erkrankung aufzuhalten oder zu verlangsamen, indem man Medikamente einsetzt, die eine günstige Wirkung auf den Hirnstoffwechsel haben. Genauso wichtig ist aber auch, daß der Patient durch kognitives Training aktiviert und gefordert wird. Von entscheidender Bedeutung ist auch, daß der Patient so lange wie möglich im vertrauten sozialen Umfeld betreut und versorgt werden kann.

3.4 Der kranke alte Mensch – Gesichtspunkte der Behandlung

S. Woeckel

3.4.1 Abstimmen der physiotherapeutischen Arbeit mit den Besonderheiten/Charakteristika des alten Menschen

Die Grundbedürfnisse des Menschen (Sicherheit, Vertrauen, Beachtung und Anerkennung) sind nicht altersabhängig, sondern in jeder Lebensphase wichtig. So sollten wir sie auch beim alten Menschen und ganz besonders beim kranken alten Menschen in alle Überlegungen einbeziehen.

Gerade in der Krankheit fühlt sich der geriatrische Patient oft allein und unverstanden. Das Team, das den Patienten betreut, muß ihm Sicherheit bieten und Vertrauen entgegenbringen und ihm Freiraum im Handeln und Erleben durch Information und geistige Teilhabe einräumen und überlassen.

Ein ruhiger Umgang und Gespräche vermitteln Geborgenheit und Akzeptanz. Achtung der persönlichen Intimsphäre und Anerkennen der altersbedingten Einschränkungen in Belastbarkeit, Beweglichkeit, Muskelkraft und Reaktion ist für eine erfolgreiche Therapie genauso wichtig wie die richtige Auswahl des Behandlungszieles, das den Alltagsanforderungen des alten Menschen entsprechen und mit seiner Zustimmung formuliert sein muß.

Für die Behandlungsplanung gibt es Fakten, die immer wieder neu im Team abgesprochen werden müssen:

- Fortschreitende Belastungsstufen, z.B. bei Herzinfarkt oder Frakturen, werden vom Arzt angegeben,
- Belastbarkeitsabweichungen,
- Reaktionsveränderungen, die dem Therapeuten oder anderen Personen, die mit dem Patienten umgehen, auffallen,
- Kontraindikationen bei Verschlechterung oder etwaige Therapieerweiterung bei Verbesserung,
- Pneumonie-, Thrombose-, Kontraktur- und Dekubitusprophylaxe, wenn Patienten überwiegend oder sogar ständig bettlägerig sind.

3.4.2 Veränderungen

•••• Atmung

Generell gilt es, beim alten Menschen atemtherapeutische Maßnahmen in die Behandlung einzubeziehen, da viele ein Altersemphysem bekommen. Die Alveolen vergrößern sich und die Austauschfläche für Sauerstoff verkleinert sich. Wenn nun von außen ein fester bis starrer Brustkorb eine Dehnung der Lunge einschränkt, ist die Sauerstoffaufnahme für große körperliche Leistungen zu gering.

Therapeutische Atemtechniken, atemerleichternde Körperhaltungen (Schultergürtelgewicht ablegen, Kopfhaltung, evtl. hubfreies Atmen), Training der Atemmuskulatur, z.B. durch Singen, Verbessern der Thoraxbeweglichkeit und Entspannung erleichtern die Atemarbeit und erhöhen damit die Sauerstoffaufnahmefähigkeit.

•••• Herz-Kreislauf

Die mehr oder weniger starke Arteriosklerose der Koronargefäße verringert die Sauerstoffversorgung des Herzmuskels, Herzrhythmusstörungen oder Herzinsuffizienz können die Herz-Kreislauf-Leistung im Alter stark einschränken.

Vor, während und drei Minuten nach der Belastung ist das Pulsmessen unerläßlich, um Überlastung zu vermeiden. Soweit möglich, sollte der Patient die Pulskontrolle, anfangs mit Nachprüfen durch Therapeut oder Pflegepersonal, selbst lernen, um in (neuen) Situationen eigenständig die Überwachung der Belastung übernehmen zu können. Er muß auch über mögliche Signale bei Überforderung aufgeklärt werden, wie Schwindelgefühl, Übelkeit, Atemnot oder Hyperventilation und/oder starke Erschöpfung.

Dynamische Muskelarbeit in Dauerform, langsam gesteigert, erhöht die Leistungskraft des Herzen.

Gefäße

Arterien: Wie in den Koronararterien, so kann im ganzen Gefäßsystem eine Arteriosklerose auftreten. Dieser Vorgang ist zunächst altersphysiologisch, kann aber auch pathologisch werden, wobei einzelne Abschnitte mehr betroffen sein können als andere. Die mittlere Zellschicht und die Gewebeernährung verändern sich, fibröse Plaques lagern sich an, es entstehen Engstellen, und die Thrombosegefahr erhöht sich.

Risikofaktoren sind Rauchen, Hypertonie, Übergewicht, Diabetes mellitus und Bewegungsmangel und sollten daher reduziert bzw. behandelt werden.

Venen: Es gibt im Venensystem zwei Problemstellen:

- Schäden in den oberflächlichen Gefäßen (Varizen). Sie haben oft keinen besonderen Krankheitswert und entstehen durch Bindegewebsschwäche,
- Defekte in den tiefen Venen. Diese sind Ursache für eine Phlebothrombose.

Bei einer Störung des venösen Rückstroms durch Elastizitätsverlust oder Venenklappeninsuffizienz kann Kollapsneigung auftreten.

Therapie: Walking, Hochlagerung, Kompression.

Stütz- und Bewegungssystem

Das fortschreitende Alter bringt Funktionsverluste, auch Muskeln, Knorpel und Knochen verändern sich.

Durch verminderte Durchblutung sinkt die Sauerstoffversorgung aller Gewebe. Dadurch reduziert sich die Elastizität von Bindegewebe, Bändern und Muskeln und das Risiko von Rupturen steigt, da eine Dysbalance zwischen Belastung und Belastbarkeit besteht.

Es entsteht auch eine herabgesetzte Zellfunktion, die sich, außer an Herz-Kreislauf und Atmung, am Bewegungs- und Nervensystem manifestiert. Die Verarbeitung von Information ist verlangsamt, Konzentration und Koordination lassen nach, und es ergibt sich eine erhöhte Verletzungsgefahr, z.B. durch Stürze. Frakturen sind die Folge, besonders wenn durch zu wenig Kalzium und einen veränderten Östrogenspiegel die Knochendichte abgenommen hat und der Patient an Osteoporose erkrankt ist.

Bewegung zur Durchblutungsförderung, richtige Ernährung und Training von Kondition/Koordination sind bereits Präventivmaßnahmen.

3.4.3 Übungsvermittlung

Selbstverständlich muß auch dem betagten Patienten erklärt werden, warum eine Behandlung angezeigt ist und wofür einzelne Übungen und Therapiemaßnahmen nötig sind. Die Erklärungen sollen kurz und verständlich sein, ohne viele Fachbegriffe, langsam und deutlich gesprochen. Nicht alle geriatrischen Patienten sind schwerhörig, die Lautstärke muß also nicht generell über dem normalen Umgangston liegen.

Man sollte dem Patienten nur einige präzise Aufgaben stellen, damit ihn eine zu große Vielfalt nicht verwirrt. Dies würde ihm nur unnötig seine Grenzen aufzeigen und die Bereitwilligkeit bremsen. Viel eher gilt es, dem Kranken seine Fortschritte vor Augen zu halten. Ermutigung und Lob, von denen der Patient erkennt, daß sie ehrlich gemeint sind, sind Hilfen auf dem Weg in eine Phase der Zuversicht und Aktivität.

Für den alten Menschen ist der Alltag eine gute Möglichkeit zu trainieren, und er muß wissen, daß dies zusätzlich zu Behandlungseinheiten für ihn wichtig ist (Umsetzen von Therapieerfolgen in den Alltag). Selbst, aber auch mit dem Therapeuten, zu üben, wie man einen Lagewechsel durchführt, z.B. Drehen im Bett, Aufsetzen oder beim Gehen an den physiologischen Armpendel zu denken und ihn bewußt einzusetzen, sind weitere Schritte nach vorne. Allerdings darf er sich durch das selbständige Üben nicht gefährden!

Auch das geistige Training kann der Patient nach Anleitung selbst übernehmen: Viel Lesen, kleine Textwiedergaben und Kreuzworträtsel fördern Kurz- und Langzeitgedächtnis.

Die Übungsvermittlung wird positiv beeinflußt durch

- Niveau und Häufigkeit der therapeutischen Beziehung,
- Klarheit und Einfachheit der Anforderung,
- gute Verknüpfung mit den Alltagsanforderungen,
- Überschaubarkeit des zeitlichen Ablaufes,
- Rückkopplung,
- Einbindung in das soziale Netzwerk.

Das soziale Umfeld hilft bei der Therapie. Angehörige oder Freunde sollen mit dem geriatrischen Kranken üben und ihn immer wieder auffordern, seine täglichen Verrichtungen selbständig durchzuführen. Hilfe sollte nur dann geleistet werden, wenn der Patient nach ein oder zwei Versuchen nicht weiter kommt.

In folgenden Punkten muß der Angehörige/Freund vom Team unterrichtet werden:

- Was kann der Patient *alleine?*
- Wo benötigt er *Hilfe/Hilfsmittel?*
- Welche Tätigkeiten kann er *gar nicht?*

Besonders in bezug auf die volle Hilfestellung ist es nötig, ihn zu unterweisen, wie er sich selbst zu verhalten hat, wenn er Pflege- oder Therapieleistung vollzieht. Rückenschule, damit nicht der Angehörige zum Patienten wird, Ausführung der Hilfe und Anleitung des Patienten, um diesen einzubeziehen, sollen von den einzelnen Teammitgliedern besprochen und geübt werden.

3.4.4 Belastbarkeit

Ausdauer ist auch im Alter noch trainierbar. Allerdings sicher nicht unbedingt in der akuten Krankheitsphase.

Für die einzelne Behandlung heißt das, sie entweder durch Pausen zu unterbrechen, oder die Behandlung über den Tag verteilt durchzuführen. Dies richtet sich nach den Beobachtungen, die man nach den einzelnen Übungen macht. Atmung, Puls, evtl. Blutdruck sind zu überprüfen, auch Schweißbildung oder Zyanose zeigen, ob Pausen kürzerer oder längerer Dauer gemacht werden müssen.

Hier gilt es, sich an der ärztlichen Verordnung zu orientieren, gegebenenfalls vor Fortsetzung der Behandlung den Arzt zu Rate zu ziehen.

Im übrigen kann eine Gefährdung durch andere Probleme, z. B. pektanginöse Beschwerden, bei Überanstrengung ausgelöst werden. Neben den körperlichen Gefahren einer Überforderung des Patienten sind auch die psychischen Folgen zu vermeiden, z. B. Demotivierung durch Überforderung und das deutliche Erleben der eigenen Grenzen.

Im Zuge der Rehabilitation des Patienten kann ihm die Belastbarkeitssteigerung an ein bis zwei wiederkehrenden Übungen deutlich gemacht werden:

Gehen im bestimmten Tempo: Zeit oder Strecke messen. Dann soll der Patient dies selbständig üben, und nach einiger Zeit wird wieder eine Messung vorgenommen. Zeit oder Strecke werden länger sein. Steigerungsmöglichkeiten liegen in der Zeit, in der Strecke, aber auch in einer Erhöhung der Geschwindigkeit.

Gymnastik auf dem Hocker: Zeit, Tempo und Schwierigkeitsgrad der Übungen zeigen eine Zunahme der Belastbarkeit.

3.4.5 Dauer/Intensität/Behandlungserfolg

Die Behandlungsdauer ist insgesamt länger als bei jüngeren Patienten, da die Intensität nicht so hoch sein kann, die allgemeine Verlangsamung der Lernprozesse einen Verzögerungseffekt bringt und die einzelne Behandlung nur Teilerfolge zeigt. Der Gesamterfolg wird erst über einen längeren Zeitraum erreicht.

Die Therapie für den geriatrischen Kranken muß nicht mit einer Behandlungseinheit in voller Länge durchgeführt werden. Es ist durchaus möglich und manchmal nötig, mehrere kleine Therapieblöcke zu bilden, da die Belastung erst gesteigert, das Gedächtnis für Übungen evtl. trainiert werden muß und der Patient den Umgang mit für ihn vielleicht neuen Körpersignalen (Schmerz, Überanstrengung) und Möglichkeiten der Bewegung erst lernen muß.

Die Intensität des Trainings bestimmt man über die Pulsfrequenz.

Der Ruhepuls wird als Ausgangswert gemessen. Die maximale Trainingsfrequenz ergibt sich aus: 220 abzüglich Alter des Patienten, aber als Richtwert für „Puls während Belastung" nimmt man 40% der maximalen Trainingsfrequenz auf den Ruhepuls.

- *Beispiel:* Alter: 75, Ruhepuls: 68 Schläge/Min.
  Max. Trainingsfrequenz: 220 – 75 (= 145 = > 40% = 58)
  Richtwert: 68 + 58 = 126 Schläge/Minute

Eine kontinuierliche Therapiegestaltung mit festen Zeiten für Hausaufgaben fordert den Kranken öfters am Tag in gutem Maß. Er wird sich bemühen, den Erfolg zu stabilisieren und zu fördern, vor allem, wenn er seine Fortschritte durch zunehmende Selbständigkeit vor Augen geführt bekommt. Man darf ihn nicht drängen oder gar aus Zeitmangel etwas von der Arbeit abnehmen, selbst dann nicht, wenn Waschen, Anziehen und tägliche Verrichtungen viel Zeit in Anspruch nehmen.

Seine Hausaufgaben sollte er an einem ruhigen Ort konzentriert durchführen können, um nicht ständig durch Unruhe abgelenkt zu sein.

3.4.6 Zielsetzung

Über die Ziele darf der Therapeut/das Team nicht alleine entscheiden. Man muß den Patienten einbeziehen und seine Vorstellungen erfragen.

Was will ich – was der Patient? Es müssen immer wieder die Wünsche des Kranken – zu Hause leben, wieder im Garten arbeiten usw. – angeregt und genutzt werden, um ihn zur Mitarbeit bei der Therapie zu motivieren.

Mit Fortschritten können sich auch die Ziele ändern, aber eine realistische Betrachtung bleibt notwendig.

Der Therapeut wird – anders als bei jungen Patienten – vermehrt gefordert, sich in Geduld zu üben und mit viel Zeit an seine Aufgabe heranzugehen. Es ist eine besondere Gabe, sich in geriatrische Patienten hineinzuversetzen und sich als Therapeut selbst zurücknehmen zu können.

Als abschließendes *Ziel der Therapie* sind folgende Möglichkeiten anzustreben:

1. Volle Rehabilitation, d. h. keine bis minimale Einschränkung,
2. Gute Rehabilitation, d. h. Entlassung mit kleinen Hilfsmitteln, aber großer Selbständigkeit,
3. Entlassung nach Hause, aber Hilfsmittel/-personen sind erforderlich.

Dazu sind unsere Ziele auch hier wie beim jüngeren Menschen im Krankenhaus:

- Kontrakturprophylaxe,
- Bewegungserhalt,
- Bewegungsverbesserung,
- Koordinationsschulung,
- Förderung der Selbständigkeit und Kontaktfähigkeit mit dem Ziel der Reintegration in die Gesellschaft und in Verbindung damit
- Hilfsmittelversorgung: so viel wie nötig, so wenig wie möglich.

Diese Bereiche betreffen also Sachkompetenz (entspricht Eigenständigkeit) und Sozialkompetenz (entspricht der Kontaktfähigkeit). Sie sind für eine erfolgreiche Wiederherstellung und Entlassung nach Hause wesentliche Punkte in der Behandlung.

Kognitives und körperliches Training sind hierfür wichtig.

Bei Multimorbidität, die man bei alten Menschen meistens vorfindet, sind Schwerpunkte in kausaler und symptomatischer Therapie herauszuarbeiten und vorrangig zu behandeln. Es ist nicht ratsam, mehrere Probleme gleichzeitig anzugehen, da man auch damit den Patienten überfordern kann. Multimorbidität heißt nicht „viel hilft viel", sondern erfordert Abstimmung in *allen* Bereichen, wie Medikamente, Physiotherapie, chirurgische Eingriffe und Alltagsleistungen. Der Kontakt zum Team ist wichtig, um sich gegenseitig zu ergänzen und eventuelle Probleme (z. B. Betablocker und seine Folgen) zu (er-)kennen.

3.4.7 Motivation

Gespräch

Wie anfangs erwähnt, ist es wichtig zu kommunizieren. Das Gespräch zur gegenseitigen Information ist eine gute Motivation für den Patienten und den Therapeuten und benötigt viel Zeit, denn jeder möchte gerne wissen, warum er etwas tun soll. Kenntnis der aktuellen Situation des Patienten, aber auch der häuslichen Gegebenheiten, sowie der früheren Möglichkeiten, die der jetzt Kranke genutzt hat, helfen in der Planung. Man entwickelt mit dem geriatrischen Kranken die Zielvorstellung der Therapie, sagt ihm aber gleich, daß nur in kleinen Schritten vorangegangen wird. So kann der Patient erkennen, daß man *seine* Möglichkeiten in die gemeinsame Arbeit einbezieht, wodurch sich eine Übereinstimmung mit seiner Vorstellung ergeben kann. Dieser Wunsch nach Bestätigung ist für uns alle wichtig und fördert eine gute psychische Einstellung zur Therapie. Dennoch gibt es bestimmt einige Probleme, die nicht so leicht oder gar nicht zu lösen sind. Hiermit wird der Patient konfrontiert und muß dazu angeregt werden, eine zunächst negative Ansicht zu ändern und sein Denken in eine neue Richtung zu lenken. Dazu gehört die Diskussion mit verschiedenen Teammitgliedern, die dem geriatrischen Patienten helfen, sich mit der neuen Situation anzufreunden und mit ihm Lösungen erarbeiten (Hilfsmittel, unterstützende Personen oder auch Selbsthilfegruppen).

Mimik und Gestik des alten Menschen sind in der Regel weniger ausgeprägt als beim jüngeren. Dies darf aber nicht als emotionales Unbeteiligtsein, als Desinteresse oder fehlende Motivation mißdeutet werden. Wenn der alte Mensch seinen Therapeuten als zuverlässig, verständnisvoll und einfühlsam erlebt, wird er zunehmend auch gestische Mittel finden, seine Kommunikationsbereitschaft auszudrücken.

Therapie

Wenn das Behandlungskonzept mit einem Hauptziel steht, werden Teilziele formuliert. Diese Teilziele sollten möglichst einfallsreich erarbeitet werden. Bei den Übungen können alle Handgeräte eingesetzt werden, die motivieren und im Umgang für ältere Menschen geeignet sind. Die Übungsgeräte dürfen nicht zu schwer sein, benötigen eine griffige Oberfläche und sollen für den Patienten in der Größe gut handhabbar sein. Ähnliche Aufgaben mit unterschiedlichem Material oder eine veränderte Unterlage (z.B. Matte, Therapieball, Bank, glatte Unterlage), Hindernisse und verschiedene Bodenbeläge bringen Abwechslung und fördern damit kognitive Arbeit (Einstellen auf unterschiedliche Situationen) und bringen in den oft langen Krankenhausaufenthalt Kurzweil und Spaß.

Ein Softball kann leicht aus der Hand gleiten, so daß man den Bewegungsablauf und das Handgerät koordinieren muß, dabei gibt es oft Heiterkeit, wenn immer wieder ein anderer Teilnehmer nicht aufgepaßt hat und das Übungsgerät aus der Hand fallen läßt. Alle Geräte haben ihre Eigenart, und das bringt einen regen Gesprächsstoff über die Handhabung und die Eigenschaften z. B. eines Therabandes oder eines Handtuches. Hierdurch wird Kontaktfähigkeit gefördert.

Übungsvarianten, die der Patient auch selbst vorschlagen, und diverse Hilfsmittel, die er in der Ergotherapie selbst machen kann, geben ihm das Gefühl von Akzeptanz und Selbständigkeit.

Gruppenarbeit ist eine gute Möglichkeit, Kommunikation zu fördern. Durch die Erfahrung des Patienten, daß es unterschiedliche Stadien der

Abb. 3.4 Koordinationsübung auf dem Ball, unterstützt durch die Therapeutin (St.-Theresien-Krankenhaus, Nürnberg, Physikalische Therapie)

Abb. 3.**5** Gruppenbehandlung im Bewegungsbad (St.-Theresien-Krankenhaus, Nürnberg, Physikalische Therapie)

Genesung gibt – einige können weniger als er, andere mehr – wird sein eigenes Vorankommen angespornt. Man kann für viele Krankheitsbilder Gruppen einrichten, so z.B. für Patienten mit Hemiplegie, Parkinson, Herzinfarkt oder Atemwegserkrankungen. Die Ausgangssituation der Patienten sollte jedoch nicht zu unterschiedlich sein, damit niemand über- oder unterfordert wird. Je besser es einem Kranken geht, desto mehr und leichter kann man ihn motivieren. Das Team muß ständig bemüht sein, den Patienten zu fördern und zu aktivieren.

Zur besseren Motivierung kann man in den Gruppen, aber auch in der Einzeltherapie, Musik einsetzen. Nicht zu laut und zu modern, am besten schlägt der geriatrische Patient selbst vor, zu welchen Liedern oder Instrumentalstücken er gerne üben möchte. Rhythmik und Koordination werden auf spielerische Art geschult, denn Musik macht fröhlich und regt zu disziplinierter Aktivität an. Musik verhilft dazu, verschiedene Bewegungsabläufe leichter durchzuhalten und damit die Kondition zu steigern. Kurze Tänze oder kleine Schrittfolgen sind geeignet das Gedächtnis zu trainieren und dem Patienten Erfolge zu ermöglichen, wenn ein Tanz fehlerfrei durchgehalten werden kann.

Je mehr sich ein Patient bewegen kann, desto größer ist die Möglichkeit seiner Kontaktaufnahme, um so leichter der Schritt aus der Isolation, wodurch der Lebenswille wieder steigt. Der Patient soll sich nicht auf seine krankheitsbedingte Störung fixieren, sondern erkennen, was er dennoch alles kann.

•••• **Beispiel für eine Gruppenstunde** (Tab. 3.**6**)

Raum: groß, gut gelüftet, nicht zu kalt

Hilfsmittel: Hocker, Stühle, Pezzibälle, Luftballons (aufgeblasen), evtl. Geräte für Geräusche

Teilnehmer: 5 bis 8 (Überschaubarkeit für Kontrolle)

Dauer: 25 – 30 Minuten

Thema: Generalisierte Osteoporose

Ziel: Sicherheit im Umgang mit dem Körper

Dies ist nur eine von vielen Möglichkeiten, eine Gruppenstunde zu gestalten. Mattenprogramm, Gebrauchsschulung, Ausdauertraining und Atmung/Entspannung sollten nicht vergessen werden.

3.4.8 Kommunikation

Der Patient fühlt sich durch seine Krankheit geschwächt und hilflos. Er weiß nicht, wie er wieder in seiner gewohnten Umgebung leben soll. Seine Defizite bringen möglicherweise Unmut und Intoleranz gegenüber dem meist jüngeren Therapeuten, der – nach Meinung des Patienten – nichts vom Alter versteht.

Man darf nicht vergessen, daß der Kranke in der Regel sein Leben gut an seine körperliche Situation angepaßt hatte, bevor eine Krankheit ihn in die Klinik gebracht hat. Man muß über das Gespräch eine gemeinsame Kommunikationsebene finden, um mangelnde Zukunftsperspektiven mit Wünschen und Aussichten in Motivation für eine erfüllte Zukunft umzuwandeln. Aufmunterung und Zeit, die man sich nimmt, signalisieren Gesprächsbereitschaft vom Therapeuten aus. Verständnis für angesprochene Probleme und diese nicht einfach vom Tisch zu wischen, als ob sie nicht bestehen, ist wichtig. Da sind nicht nur praktische Fragen – Wie schaffe ich das jemals wieder? –, sondern auch Dinge, die nicht angesprochen werden. Die innere Leere durch zu wenig soziale Kontakte, Gedächtnisprobleme und körperliche Beschwerden, die die Kommunikation erschweren. Wer ist das (Sehen)? Wie komme ich dort hin (Behinderung)? Was hat er gesagt (Hören)?

Es ist also wichtig, mit dem Kranken über seine Schwierigkeiten zu reden, ihm diverse Hilfsmittel anzubieten. Es ist z. B. im Falle einer Koxarthrose hilfreich, den Patienten mit der Greifzange, aber auch mit Schuh-

Tabelle 3.**6** Beispiel für eine Gruppenstunde

Inhalt	Raumverteilung	Übung	Kriterien	Variation
Koordination und Gleichgewicht	überall im Raum	Gehen im Raum, auf ein Klatschen stehenbleiben ohne sich weiterzubewegen, auch wenn man gerade ungünstig steht	– Reaktionsschnelligkeit – Körperspannung in der Standposition	– Reaktion nur auf ein bestimmtes Geräusch, wobei verschiedene angeboten werden – Einnehmen gewisser Körperhaltungen auf Zuruf – Gangtempo variieren
		Gehen im Raum, beim Klatschen Richtungswechsel	– Ausweichmanöver – Rumpfstabilisation	– 90°-Wechsel – 180°-Wechsel – statt Richtungswechsel: Gehen auf Zehenspitzen, Gehen mit normaler Abrollphase – Gangtempo variieren
	zum Kreis geformt	Transfer in den Vierfüßlerstand	– Abstützen auf einem Bein – Einbein-Kniestand – Kniestand – WS-Einordnung in die Körperlängsachse – Vierfüßlerstand	auf Fäusten stützen, wenn Hand 90° Dorsalextension nicht möglich ist

Fortsetzung S. 156

Tabelle 3.6 (Fortsetzung)

Inhalt	Raumverteilung	Übung	Kriterien	Variation
		Strecken der diagonalen Extremitäten im Vierfüßlerstand und dort halten (rechtes Bein – linker Arm; linkes Bein – rechter Arm)	– Körperlängsachse einhalten	Nur einen Arm oder ein Bein strecken
		Wie vorher, nun treffen sich Knie und Ellenbogen unter dem Rumpf und gehen wieder auseinander. Diagonalenwechsel nach 4–5 ×	– Wirbelsäule: Extension und Flexion im Wechsel – Ruhiges Arbeiten	Knie/Ellenbogen einzeln bewegen Beide zusammen, aber nur, solange Gleichgewicht gut gehalten werden kann Tempovariation
Haltungsschulung	im Raum; jeder mit irgendeiner Sitzgelegenheit	Erarbeiten der richtigen Sitzhaltung	– Hüften: höher als Knie, leicht abduziert und außenrotiert – Füße: fest am Boden und vor dem Kniegelenklot – Hüftflexion vom proximalen Hebel = Becken mit physiologischer LWS-Lordose	

			– Brustkorbhebung – Kopf in Körperlängsachse	
		evtl. nötige Problemlösungen im Gruppengespräch erarbeiten und anschließend die Stühle aufräumen	– Transfer erlernter Kriterien auf Alltagssituationen	– unterschiedliche Sitzhöhen ausprobieren – Sitzkissen unterlegen – Lendenrolle verwenden
Koordination/Gleichgewicht im spielerischen Umgang	verteilt, mit Platz um sich herum	Jeder bekommt einen Luftballon mit der Aufgabe, damit zu spielen, ohne ihn auf den Boden gleiten zu lassen	– Umsetzung von Stabilisation der Körperlängsachse bei aktivem Bewegungsablauf	– Fortbewegung einbeziehen – evtl. Hoch-/Tiefbewegen anregen

und Strumpfanzieher vertraut zu machen, damit ihn seine möglichen Kontrakturen nicht mehr so sehr behindern. Auch eine Versorgung mit Brille oder Hörgerät kann dem geriatrischen Menschen helfen, besser an Geschehnissen aktiv teilzunehmen.

Ebenso bedarf es der Aufklärung über soziale Hilfsdienste und bei Notwendigkeit deren Vermittlung.

3.4.9 Das therapeutische Team

Gerade auch bei geriatrischen Patienten ist eine sinnvolle und umfassende Betreuung wegen der Multimorbidität nur möglich, wenn nicht allein Physiotherapie, sondern auch Ergotherapie und Logopädie die Behandlungsmöglichkeiten abrunden und mit Pflege und Ärzten zusammen Behandlungsziele und Strategien festgelegt werden.

•••• Physikalische Therapie

Physiotherapie bietet Möglichkeiten

- aktiv: mit statischer und dynamischer Muskelaktivität, Bahnung – Hemmung (bei Hemiplegie) und
- passiv: durch Lagerung, Massagetechniken (Querfriktionen, funktionelle Massage) und passive Bewegungen (bei bewußtseinsreduzierten Patienten, bei Entlastungsanordnung oder bei geschwächten Patienten zur Unterstützung)

zu arbeiten.

Masseure und medizinische Bademeister sind mit Massagetechniken, Bindegewebsmassagen, Elektrotherapie, Kneipp-Güssen sowie Wickeln und Fangopackungen ein unentbehrlicher Helfer in der Therapie.

Logopädie ist vor allem bei Schlaganfall- und Parkinsonpatienten sowie Stimmbandschädigungen bei Langzeitbeatmeten indiziert. Sie behandelt Aphasien, Dysarthrien sowie Kau- und Schluckstörungen als Hauptarbeitsgebiet.

Ein weit größeres unterstützendes Aufgabengebiet bei der Mitbetreuung geriatrischer Patienten obliegt den Ergotherapeuten:
- Selbsthilfetraining für Körperpflege, Essen, An-/Ausziehen, also motorisch-funktionell,
- Hilfsmittel- und Rollstuhlversorgung,
- Schulung der Körperwahrnehmung bei Patienten nach Schlaganfällen,
- Erarbeiten von Kompensationsmechanismen, z. B. bei Gesichtsfeldausfällen, und
- Hirnleistungstraining.

•••• Stationäre Therapie

Ärzte sollen die genaue Diagnostik betreiben, die Medikamentengabe anordnen, überwachen und die weiteren Therapiemöglichkeiten koordinieren und in die Wege leiten.

Das Pflegepersonal muß seine Aufgabe in erster Linie in der aktivierenden Pflege sehen. Helfen so viel wie nötig, so wenig wie möglich, was wiederum bedeutet, daß dem Patienten viel Zeit gelassen werden muß. Die Eigenverantwortung darf ihm nicht genommen werden. Wenn der Patient nicht viel selbständig ausführen kann, ist die Lagerung und Prophylaxe auch von der Pflege durchzuführen.

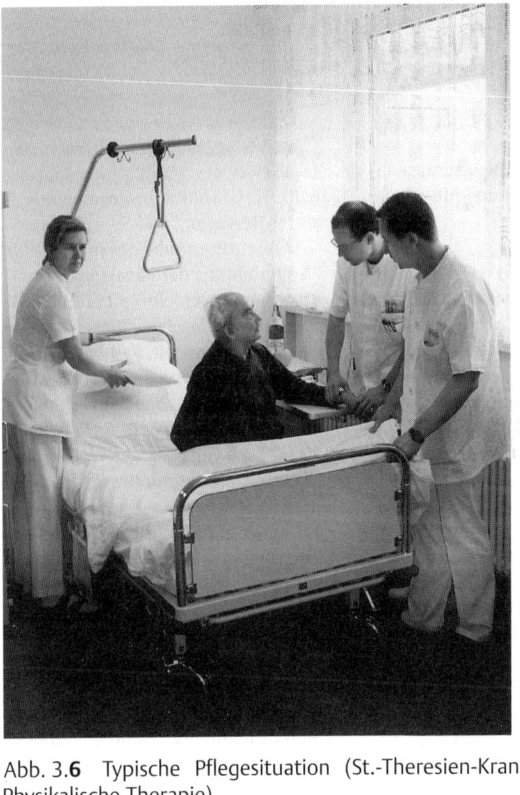

Abb. 3.**6** Typische Pflegesituation (St.-Theresien-Krankenhaus, Nürnberg, Physikalische Therapie)

3.4.10 Resümee

Eine optimale Versorgung geriatrischer Patienten kann nur mit einem guten Team entstehen. Dazu gehören Besprechungen, an denen alle teilnehmen, die in der Geriatrie arbeiten, da alle dasselbe Ziel haben.

Es müssen Fort- aber auch Rückschritte erörtert und ggf. Therapien verändert werden. Auch ein Dokumentationssystem für alle Beteiligten ist nötig, um immer auf dem aktuellen Stand zu sein und danach handeln zu können.

Sorgfalt im Umgang mit den betagten Menschen ist wichtig, um das Vertrauen und die Mitarbeit der Patienten zu gewinnen.

Bei der ständig steigenden Zahl alter Menschen in unserer Gesellschaft ist unsere Arbeit innerhalb der Geriatrie nicht nur eine persönliche Herausforderung, sondern auch eine soziale Aufgabe.

Literatur

1 Prävention

Amler, W., W. Knörzer: Bewegungspausen – in Schule, Beruf und Alltag. Haug, Heidelberg 1995

Breithecker, D., R. Liebisch: Mit Sport-Spiel-Spaß zur besseren Haltung – Rückenschule für Kinder. BAG zur Förderung haltungs- und bewegungsauffälliger Kinder und Jugendlicher, Mainz 1993

Circus, H., H. Hahmann: Lehr- und Arbeitsbuch Sonderturnen. Ferd. Dümmler Verlag, Bonn 1979

Ernst, H.: Gesund ist, was Spaß macht. Kreuz Verlag, Stuttgart 1992

Ernst, H.: Die Weisheit des Körpers. Kräfte der Selbstheilung. Piper Verlag, München 1993

Haug, Chr.: Gesundheitsbildung im Wandel. Klinkhardt, Bad Heilbrunn 1991

Horn, K., Chr. Beier, D. Kraft-Krumm: Gesundheitsverhalten und Krankheitsgewinn. Opladen 1984

Janalik, H.: Sinnvolles und vergnügliches Bewegen bewegt vieles und viele. In Knörzer, W.: Theorie und Praxis ganzheitlicher Gesundheitsbildung. Haug Verlag, Heidelberg 1994 (S. 137)

Janalik, H., G. Treutlein: Gesundheit durch Bewegung und Sport? KONTAKT. Schriftenreihe des Instituts für Weiterbildung der Pädagogischen Hochschule Heidelberg 14 (1989) 61

Kempf, H.-D., J. Fischer: Rückenschule für Kinder. Rowohlt, Reinbek 1993

Knörzer, W.: Körperliche Erlebnisfähigkeit – Eine Grundlage der Gesundheitserziehung, In Redl, S., R. Sobotka, A. Russ: Sport an der Wende. Österreichischer Bundesverlag, Wien 1991 (S. 232)

Knörzer, W.: Ganzheitliche Gesundheitsbildung in Theorie und Praxis. Haug, Heidelberg 1994

Knörzer, W., G. Treutlein: Erlebnisorientierte Gesundheitserziehung – ein Entwurf einer ganzheitlichen Gesundheitserziehung. In Laaser/Sassen/Murza/Sabo (Hrsg.): Prävention und Gesundheitserziehung, Leibesübung. Springer Verlag, Berlin/Heidelberg 1987 (S. 578)

Nüssel, E.: Prävention und Gesundheitsförderung aus ärztlicher Sicht.

In Knörzer, W.: Ganzheitliche Gesundheitsbildung in Theorie und Praxis. Haug, Heidelberg 1994 (S. 72)
Reinhardt, A.: Rückenschule heute. In Knörzer, W.: Ganzheitliche Gesundheitsbildung in Theorie und Praxis. Haug, Heidelberg 1994 (S. 185)
Steack, L.: Gesundheitserziehung heute: Überwindung traditioneller Konzepte. „Gesundheit", Friedrich Jahresheft VIII, Velber 1990
Steen, R.: Gemeindenahe Gesundheitsförderung. In Knörzer, W.: Ganzheitliche Gesundheitsbildung in Theorie und Praxis. Haug, Heidelberg 1994 (S. 101)
Treutlein, G.: Zur Bedeutung von Körpererfahrungen für die Gesundheit. In Knörzer, W.: Ganzheitliche Gesundheitsbildung in Theorie und Praxis. Haug, Heidelberg 1994 (S. 123)

2 Rehabilitation

ANBA (Amtliche Nachrichten der Bundesanstalt für Arbeit). Bundesanstalt für Arbeit: Nürnberg 43 Nr. 1 (1995)
Arbeitsgemeinschaft der Deutschen Hauptfürsorgestellen: Jahresbericht 1993, Teil B: Aufgaben nach dem Schwerbehindertengesetz. Mimeo, Münster 1994
Arbeitsgemeinschaft Deutscher Berufsförderungswerke: Die Absolventen der Berufsförderungswerke sind dauerhaft beruflich wiedereingegliedert. Mimeo, Hamburg (undatiert)
Asam, W. A., M. Heck: Selbsthilfegruppen und Rehabilitation. In Mühlum, A., H. Oppl: Handbuch der Rehabilitation. Rehabilitation im Lebenslauf und wissenschaftliche Grundlagen der Rehabilitation. Luchterhand, Berlin 1992 (S. 613–630)
Badelt, I.: Die Werkstatt für Behinderte: Geschützes Arbeiten und Integration im Sonderarbeitsmarkt. In Mühlum, A., H. Oppl: Handbuch der Rehabilitation. Rehabilitation im Lebenslauf und wissenschaftliche Grundlagen der Rehabilitation. Luchterhand, Berlin 1992 (S. 289–304)
Becker, H., D. Bieberitz, W. Winkler: Die Pflege im Modell. Bundesarbeitsblatt 8–9 (1994) 66–72
Beiderwieden, K., U. Wittwer: Über 25 Jahre erfolgreiche berufliche Wiedereingliederung von Behinderten. Rehabilitation 33 (1994) 127–132
Bintig, A.: Wer ist behindert? Problematisierung der Begriffe und Definitionen von Behinderung in Verwaltung, Wissenschaft und Forschung. Bundesinstitut für Berufsbildung, Berlin 1980
Bleidick, U.: Schulen für Behinderte. In Mühlum, A., H. Oppl: Handbuch der Rehabilitation. Rehabilitation im Lebenslauf und wissenschaftliche Grundlagen der Rehabilitation. Luchterhand, Berlin 1992 (S. 103–120)
Brackhane, R.: Behinderung, Rehabilitation, Rehabilitationspsychologie: Terminologische Vorbemerkungen und Begriffserklärungen. In Koch, U., G. Lucius-Hoene, R. Stegie: Rehabilitation. Handbuch der Rehabilitationspsychologie. Springer, Berlin 1988 (S. 20–34)
Budde, H.-G.: Auswirkungen und Bewältigung von Behinderung: Psychologische Ansätze. In Koch, U., G. Lucius-Hoene, R. Stegie: Rehabilitation. Handbuch der Rehabilitationspsychologie. Springer, Berlin 1988
Bundesarbeitsgemeinschaft für Rehabiliation: Arbeitshilfe für die Rehabilitation von Schlaganfallpatienten. Schriftenreihe der Bundesarbeitsgemeinschaft für Rehabiliation, Frankfurt/Main 1989 (H. 4)
Bundesarbeitsgemeinschaft für Rehabilitation: Herausforderungen und Perspektiven der Rehabilitation.

Schriftenreihe der Bundesarbeitsgemeinschaft für Rehabilitation, Frankfurt/Main 1993

Bundesarbeitsgemeinschaft für Rehabiliation: Wegweiser. Eingliederung von Behinderten in Arbeit, Beruf und Gesellschaft. Schriftenreihe der Bundesarbeitsgemeinschaft für Rehabilitation, Frankfurt/Main 1994 a

Bundesarbeitsgemeinschaft für Rehabilitation: Rehabilitation Behinderter. Deutscher Ärzte-Verlag, Köln 1994 b

Bundesarbeitsgemeinschaft für Rehabilitation: Wegweiser. Eingliederung von Behinderten in Arbeit, Beruf und Gesellschaft. Bundesarbeitsgemeinschaft für Rehabilitation , Frankfurt 1994 c

Bundesministerium für Arbeit und Sozialordnung: Einrichtungen zur beruflichen Eingliederung erwachsener Behinderter – Berufsförderungswerke, Bonn 1993 a

Bundesministerium für Arbeit und Sozialordnung: Einrichtungen zur beruflichen Eingliederung jugendlicher Behinderter – Berufsbildungswerke, Bonn 1993 b

Bundesministerium für Arbeit und Sozialordnung: Die Lage der Behinderten und die Entwicklung der Rehabilitation. Dritter Bericht der Bundesregierung, Bonn 1994

Bundesministerium für Arbeit und Sozialordnung: Einrichtungen der medizinisch-beruflichen Rehabilitation, Bonn 1995.

Bundesministerium der Justiz: Die Zahl der Schüler an allgemeinbildenden Schulen im Schuljahr 1994/95. Bundesanzeiger 47 (1995) 2874

Bundesverband der Betriebskrankenkassen, Bundesarbeitsgemeinschaft Hilfe für Behinderte e.V. und NAV-Virchowbund: Reha-Helfer. Leitfaden für die Zusammenarbeit mit Selbsthilfegruppen. Peter Meyer, Essen (undatiert)

Bundesvereinigung Lebenshilfe für geistig Behinderte. Rechtzeitig beantragen: Ab Juli 1995 gibt's die neue Rente. Magazin Lebenshilfe-Zg. 6 (1994) 4 – 7

Cloerkes, G.: Behinderung in der Gesellschaft: Ökologische Aspekte und Integration. In Koch, U., G. Lucius-Hoene, R. Stegie: Rehabilitation. Handbuch der Rehabilitationspsychologie. Springer, Berlin 1988 (S. 86 – 100)

Dalferth, M., K. Schnappauf, I. Sommerer: Berufliche Integration körperbehinderter Menschen – Eine regionale Studie im Landkreis Regensburg. Rehabilitation 34 (1995) 91 – 100

Deutscher Verein für die öffentliche und private Fürsorge: Richtlinien der Spitzenverbände der Pflegekassen über die Abgrenzung der Merkmale der Pflegebedürftigkeit und der Pflegestufen sowie zum Verfahren der Feststellung der Pflegebedürftigkeit (Pflegebedürftigkeits-Richtlinien vom 7. November 1994) Nachrichten des Deutschen Vereins für die öffentliche und private Fürsorge 1995 (S. 34 – 37)

DIN 18 025, Teil 1: Barrierefreie Wohnungen. Wohnungen für Rollstuhlbenutzer. Beuth, Berlin 1992

DIN 18 025, Teil 2: Barrierefreie Wohnungen. Planungsgrundlagen. Beuth, Berlin 1992

DIN 18 024 – 2: Barrierefreies Bauen. Öffentlich zugängliche Gebäude und Arbeitsstätten. Planungsgrundlagen – Entwurf. Beuth, Berlin 1994

Europarat: The use of the international classification of impairments, disabilities and handicaps (ICIDH) in rehabilitation. Council of Europe, Publications and Documents Division, Strasbourg 1989

Ferber, Ch. V.: Auswirkungen und Bewältigung von Behinderung: Soziologische und sozialpolitische Zugangsweisen. In Koch, U., G. Lucius-Hoene, R. Stegie: Rehabilitation. Handbuch der Rehabilitationspsychologie. Springer, Berlin 1988 (S. 74 – 85)

Friedrich Ebert Stiftung: Die Älteren. Zur Lebenssituation der 55- bis 70jährigen. J. H. W. Dietz, Bonn 1991

Fuhrmann, R.: Rehabilitation vor Pflege. In Mühlum, A., H. Oppl: Handbuch der Rehabilitation. Rehabilitation im Lebenslauf und wissenschaftliche Grundlagen der Rehabilitation. Luchterhand, Berlin 1992 (S. 307 – 318)

Görres, S.: Stationäre Rehabilitation und Nachsorge älterer Menschen. In Mühlum, A., H. Oppl: Handbuch der Rehabilitation. Rehabilitation im Lebenslauf und wissenschaftliche Grundlagen der Rehabilitation. Luchterhand, Berlin 1992 (S. 63 – 86)

Gutmann, L.: Geleitwort. In Jochheim, K.-A., J. F. Scholz, M. Hofrichter: Rehabilitation, Bd. 1. Thieme, Stuttgart 1975

Hahn, R.: Psychosoziale Aus- und Nebenwirkungen der Behinderung. In Stemshorn, A.: Barrierefrei Bauen für Behinderte und Betagte, 3. Aufl. Alexander Koch, Leinfelden-Echterdingen 1994 (S. 36 – 40)

Hauck, K., H. Haines et al.: Sozialgesetzbuch. SGB. Erich Schmidt, Berlin 1992

Hauschild, R.: Kritik – kritisch betrachtet. Bundesarbeitsblatt 8/9 (1994) 61 – 66

Hurrelmann, K.: Sozialisation und Gesundheit. Juventa, Weinheim 1988

Jochheim, K.-A.: Bedarfsplanung und Leistungsentwicklung für Rehakliniken-Fachkonferenz der Studiengruppe für Sozialforschung, November 1993 in Prien. Rehabilitation 33 (1994) 50

Jung, K.: Soziale Pflegeversicherung. Durchgesetzt gegen alle Widerstände. Bundesarbeitsblatt 7 (1994) 5 – 16

Kähne, O.: Rehabilitationspolitik. In Mühlum, A., H. Oppl: Handbuch der Rehabilitation. Rehabilitation im Lebenslauf und wissenschaftliche Grundlagen der Rehabilitation. Luchterhand, Berlin 1992 (S. 631 – 678)

Kämmer, K.: Nicht um jeden Preis. Häusliche Pflege 1994 (S. 408 – 411)

Kaplan, K.-H.: Integrative Frühförderung als Alternative zur Sonderbetreuung im Elementarbereich. In Mühlum, A., H. Oppl: Handbuch der Rehabilitation. Rehabilitation im Lebenslauf und wissenschaftliche Grundlagen der Rehabilitation. Luchterhand, Berlin 1992 (S. 41 – 62)

Kniel, A.: Entwicklungstendenzen in der vorschulischen Erziehung behinderter Kinder: Modell und Perspektiven. In Mühlum, A., H. Oppl: Handbuch der Rehabilitation. Rehabilitation im Lebenslauf und wissenschaftliche Grundlagen der Rehabilitation. Luchterhand, Berlin 1992 (S. 63 – 86)

Koch, U., G. Lucius-Hoene, R. Stegie: Rehabilitation. Handbuch der Rehabilitationspsychologie. Springer, Berlin 1988

Kohli, M.: Lebenslauftheoretische Ansätze in der Sozialisationsforschung. In Hurrelmann, K., D. Ulrich: Handbuch der Sozialisationsforschung. Beltz, Weinheim 1980 (S. 299 – 217)

Lilienthal, T.: Defizite des Hilfsmitteleinsatzes bei der ambulanten Versorgung älterer Menschen. Hamburg: Arbeitsstelle für Präventions- und Rehabilitationsforschung (Mimeo) 1994

Ministerium für Arbeit, Gesundheit und Sozialordnung Baden-Württemberg: Initiative 3. Lebensalter. Politik für die ältere Generation, Stuttgart 1992

Mrozynski, P.: Rehabilitationsrecht, 2. Aufl. Beck, München 1986

Mühl, H.: Einführung in die Geistigbehindertenpädagogik. Kohlhammer, Stuttgart 1984

Mühlum, A., H. Oppl: Rehabilitation im Lebenslauf. In Mühlum, A., H. Oppl: Handbuch der Rehabilitation. Rehabilitation im Lebenslauf und wissenschaftliche Grundlagen der Rehabilitation. Luchterhand, Berlin 1992 (S. 3 – 30)

Müller, H.-W.: Prävention von Krankheiten im Alter – Kongreßbericht 1990. Deutsche Zentrale für Volksgesundheit e. V., Frankfurt/Main 1992

NDV: Richtlinien der Spitzenverbände der Pflegekassen über die Abgrenzung der Merkmale der Pflegebedürftigkeit und der Pflegestufen sowie zum Verfahren der Feststellung der Pflegebedürftigkeit. Nachrichten des Deutschen Vereins 1995 (S. 34 – 38)

Nikolaus, T., H. Detterbeck, U. Gartner, M. Gnielka, I. Lempp-Gast, Ch. Renk, U. Suck-Röhrig, P. Oster, G. Schlierf: Der diagnostische Hausbesuch im Rahmen des stationären geriatrischen Assessments. Z. Gerontol. Geriat. 28 (1995) 14 – 18

Petermann, U., F. Petermann: Rehabilitation von Kindern und Jugendlichen mit chronischen Krankheiten. In Mühlum, A., H. Oppl: Handbuch der Rehabilitation. Rehabilitation im Lebenslauf und wissenschaftliche Grundlagen der Rehabilitation. Luchterhand, Berlin 1992 (S. 87 – 100)

Radebold, H.: Stationäre Rehabilitation nach Schlaganfall. Ergebnisse und Konsequenzen der Kasseler Studie. In Schmidt: Rehabilitation. Und Vogel, W.: Behandlung und Rehabilitation vor Pflege. 1. Hofgeismarer Geriatriesymposium. Kuratorium Deutsche Altershilfe, Köln 1995 (S. 71 – 80)

Schneekloth, U., P. Potthoff: Hilfe- und Pflegebedürftige in privaten Haushalten. Bericht zur Repräsentativerhebung im Forschungsprojekt „Möglichkeiten und Grenzen selbständiger Lebensführung“ im Auftrag des Bundesministeriums für Familie und Senioren. Kohlhammer, Stuttgart 1993

Speck, O.: Rehabilitation durch Frühförderung. In Mühlum, A., H. Oppl: Handbuch der Rehabilitation. Rehabilitation im Lebenslauf und wissenschaftliche Grundlagen der Rehabilitation. Luchterhand, Berlin 1992 (S. 33 – 40)

Sprekeler, R.: Rehabilitation. Hilfsmittelzentrale – jetzt nicht nur in Skandinavien. Rheuma-J. 3 (1992) 26 – 28

Stadler, H.: Ein Leben ohne Erwerbsarbeit als behindertenpädagogisches Problem. In Mühlum, A., H. Oppl: Handbuch der Rehabilitation. Rehabilitation im Lebenslauf und wissenschaftliche Grundlagen der Rehabilitation. Luchterhand, Berlin 1992 (S. 161 – 186)

Stadler, H.: Schule – und wie weiter? Zur beruflichen Integration körperbehinderter Jugendlicher – Versuch einer Standortbestimmung. Rehabilitation 34 (1995) 81 – 90

Statistisches Bundesamt: Statistisches Jahrbuch 1994 für die Bundesrepublik Deutschland. Metzler/Poeschel, Wiesbaden 1994

Vogel, G.: Das Recht und die Mittel. Häusliche Pflege 1994 (S. 727 – 734)

Vollmer, R. J.: Die Pflegeeinrichtungen. Bundesarbeitsblatt 8 – 9 (1994) 42 – 47

Wagner, W.: Team-Arbeit in der beruflichen Rehabilitation unter systemischen Gesichtspunkten. Prax. Ergother. (8) 1995, 97–99

Wöhrl, H. G.: Berufsgruppen in der Rehabilitation: Funktionen und Kooperationsmodelle. In Koch, U., G. Lucius-Hoene, R. Stegie: Rehabilitation. Handbuch der Rehabilitationspsychologie. Springer, Berlin 1988 (S. 212–249)

Wolber, K.: Rechtsgrundlagen der Rehabilitation. In Mühlum, A., H. Oppl: Handbuch der Rehabilitation. Rehabilitation im Lebenslauf und wissenschaftliche Grundlagen der Rehabilitation. Luchterhand, Berlin 1992 (S. 471–491)

World Health Organisation (WHO): International Classification of Impairments, Disabilities and Handicaps. World Health Organisation, Geneva (Genf) 1980

3 Geriatrie

Cotta, H., W. Heipertz, A. Hüter-Becker, G. Rompe (Hrsg.): Krankengymnastik, 2. Aufl., Bd. 8. Thieme, Stuttgart 1984

Ehrenberg, H., A. v. Ungern-Sternberg: Krankengymnastik bei peripheren Gefäßerkrankungen. Pflaum, München 1987

Hollmann, W.: Lungenfunktion, Atmung, Gasstoffwechsel im Sport. In Hollmann, W.: Zentrale Themen der Sportmedizin. Springer, Berlin 1986 (S. 144)

Hollmann, W.: Definitionen und Grundlagen zur Trainingslehre. Dt. Z. Sportmed. 44 (1993) 383

Kruse, N.: Geriatrie. Springer, Berlin 1992

Platt, D.: Alternstheorien. In Platt, D.: Biologie des Alterns. de Gruyter, Berlin 1991 (S. 7)

Runge, M., G. Rehfeld: Geriatrische Rehabilitation im Therapeutischen Team. Thieme, Stuttgart 1995

tum Suden-Weickmann, A.: Physiotherapie in der Geriatrie. Pflaum, München 1993

Vijg, J., J. Y. Wei: Understanding the biology of aging: the key to prevention and therapy. J. Am. Geriatr. Soc. 43 (1995) 426

Ziegler, R.: Der Knochen und seine Erkrankungen. Teil III: Der Einfluß der Sexualhormone. Dtsch. med. Wschr. 120 (1995) 1091

Sachverzeichnis

A

Abschreckungskonzept 6
Afterload 84
Aktivität, körperliche, Skelettmuskulatur 88
Alarmzeichen 48
Alltagsbewältigung 28 f
Alter (s. auch Mensch, alter) 31
- Ausdauer 148
- ausgewählte Gesundheitsstörung 134 ff
- Belastbarkeit 97 f
- biologisches 103
- - Genetik und Lebensweise 103
- kalendarisches 103
- Krankheit 112 f
- leichte psychische Auffälligkeiten 141 f
- Leistungsfähigkeit 97 f
- psychopathologische Veränderung 141
Altern, biologische Grundlage 77 f
- psychischer Aspekt 96 f
- Theorie 77
Altersdiabetes 120
Altersemphysem 85, 145
Altersgruppen, berufliche Eingliederung 38
- berufsfördernde Maßnahmen 39
- Hilfsbedarf 45
- medizinische Maßnahmen 37
- Pflegebedarf 45
- Rehabilitation 35
Altersveränderung, physiologische 78 ff
- - Gehirn 79
Alzheimer-Erkrankung s. Morbus Alzheimer
Anerkennung der Behinderung 30
Angina pectoris 113
Anspruch auf Normalität 24 f
Antike 1
Apathie 30
Arbeit, muskuläre 100
Arbeitgeber, beschäftigungspflichtige 33
Arbeitsamt 61
- Schwerbehindertengesetz 33
Arbeitsgemeinschaft Deutscher Berufsförderungswerke 69
Arbeitshilfe zur Rehabilitation 44
Arbeitsplatzanpassung, individuelle 60
Arteriosklerose 5
Arthrose 123 f
- primäre 123
- sekundäre 123
Arzt, niedergelassener 49 f
Arztpraxis 49 f
Atemarbeit, Alter 85
Atemwege, Erkrankung 122 f
Atmung, alter Mensch 145
- closto-diaphragmale 84
- closto-sternale 84
- physiotherapeutische Arbeit 145
Atrophie, braune 93
Attacke, transitorisch-ischämische 119
Aufklärungskonzept 6 f
Ausdauer 99
- Alter 148
Ausdauerbelastung, maximale Sauerstoffaufnahmekapazität 100
Ausdauersport, metabolischer Effekt 99
Ausgleichsabgabe 33

B

Bademeister, medizinischer 157
Ball, Koordinationsübung 152
Bandscheibe, bradytrophe 101
Bauen, rollstuhlgerechtes 27
Behinderter, erwachsener, Ausbildung 63
– geistig Behinderter, Schule 57 f
– Schule 55
– technische Hilfen 70
– Werkstätten 64 f
Behinderung, Art 18
– Definition 19
– positive Effekte 30 f
– Schwere 18
Behinderungsauswirkung 18 f
Beinvenenthrombose 117
– tiefe 129 f
Belastbarkeit 148
– Alter 97
Belastungsangina 113
Beratungsdienst 47
Beratungsfacharzt 50
Berücksichtigungsgebot 27 f
Berufsausbildung 62
– Behinderter 62
Berufsbildungswerk 61 f
– Berufsfelder 62
– Leistungsumfang 62
Berufsfördernde Maßnahmen nach Altersgruppen 39
Berufsförderungswerk 33, 63
– Berufsfelder 63 f
– Erfolgskriterium 73
Beschäftigungspflicht, Schwerbehinderte 33
– – Nichteinhaltung 33
Betreutes Wohnen 54
Bewältigungsproblem 29
Bewältigungsstrategie, psychische 29
Bewegung, Mangel 9
– Zuviel 9
Bewegungsbad 153
Bewegungskoordination 101
Bewegungspause 14
Bewegungssystem, physiotherapeutische Arbeit 146
BG-Unfallklinik 53
Blasensenkung 137
Blinder, Internat 57
– Schule 56 f
Bluthochdruck s. Hypertonie
Blutzuckerwert 121
Bronchitis, chronisch-obstruktive 122
Bronchopneumonie 131 f

C

Compliance 85

D

Darmtätigkeit, Alter 138
Dauerbelastung, aerobe 100
Dehydratation 133
– hypertone 133
Dehydratationssyndrom 133
Dekubitus 132
Dentrit 78
Diabetes mellitus 5, 120 ff
Diaita 2
Diät, diabetische 121
DIN-Norm, rollstuhlgerechtes Bauen 27
Disability 19
Diskrasia 1
Dopamin, Mangel 127
Drehschwindel 140
Durchblutungsstörung, periphere 5
Durchgangsarzt 50

E

5-Ebenen-Modell 12
Egozentrik 30
Eingliederung, berufliche, Altersgruppen 38
– soziale 36
Einnässen, nächtliches 137

Einrichtung der zweiten Phase (s. auch Phase-Zwei-Einrichtung) 55
Emphysem 122
Ergebnisqualität 15
Ergotherapeut 157
Erleben, körperliches 9
Ernährung, falsche 5
Erwerbsunfähigkeitsrente, Behinderter 65
Eukrasia 1

F

Familienangehöriger, pflegender 50
– – Pflegeversicherung 50
Familienpflege 50
Faser, langsam zuckende 87
– schnell zuckende 87
Finalprinzip 37
Flüssigkeitsaufnahme, tägliche 133
Frau, Osteoporose 125
– Pflegetätigkeit 44
Frühbehandlung 49
Früherkennungsuntersuchung 49
Frühfördermaßnahme 44
FT-Faser 87

G

Gedächtnisspiel 107
Gefäße, physiotherapeutische Arbeit 146
Gefäßverengung, arteriosklerotisch bedingte 115
Gehen, Tempo 148
Gehirn 78
– altes, Plastizität 80
– physiologische Altersveränderung 79
Gehirnatrophie, altersabhängige 80
Gehirndurchblutung, Autoregulation 81
Gehirnjogging 143
Gehörloser, Frühförderung 57
– Schule 57
Gelenke 92 f
Gelenkigkeit 101
Gene, pleiotrope 78
Geriatrie 77 ff
Gesamtplan s. Rehabilitations-Gesamtplan
Gesamtpolitik 14
Geschichte 1
Geschicklichkeitsspiel 107
Gesellschaftsspiel 107
Gesunde-Städte-Projekt 10
Gesundheit, Definition 10
Gesundheitsförderung 10 ff
– Definition 10
– gemeindenahe 10 f
Gesundheitslehrer 4
Gesundheitsverständnis 1
Gesunheitsförderung 1 ff
Gewebe, Druckschädigung 132
Gleichgewichtsstörung 128
Gonarthrose 124
Grundschnelligkeit 101
Gruppenarbeit 152
– alter Mensch 107 f
– Ausstattung 108
– Kleidung 109
– Raumauswahl 108
– sinnvolle 107
– Übungsdauer 108
– Übungsinhalt 109
– Übungszeit 108
– Vorbereitung 108
Gruppenbehandlung, Bewegungsbad 153
Gruppengymnastik, Aufbau 109 ff
– Übungsbeispiele 109 ff
Gruppenstunde 154 ff
Gymnastik 148

H

Haltungsschaden, Vorbeugung 12
Haltungsschule 13
Handicap 19
Harninkontinenz 134, 136 f
– echte 137

Hauptfürsorgestelle, Schwerbehindertengesetz 33
Hauptrisikofaktor 7
Hauspflege 50
Heilung 2
Herz, altersbedingte Veränderung 82
- primäre Veränderung 82
- sekundäre Veränderung 82
Herzinfarkt 5, 113 f
- Ursache 113
Herzinsuffuzienz 114
Herzkrankheit, koronare 113
Herz-Kreislauf, alter Mensch 145
- physiotherapeutische Arbeit 145
Herz-Kreislauf-System 82 ff
- Erkrankung 112 ff
- funktionelle Veränderung 83
Hilfe, individuelle 23
Hirninfarkt 118
Hirnleistungsschwäche 142
Hirnleistungsstörung 134, 142 f
- Schlafstörung 136
Hoffnung 30
HWS-Syndrom 124
Hypercholesterinämie 5
Hypermineralisation 90
Hypertonie 5, 114 f
- essentielle 114
Hypertrophie, druckbedingte 84
Hyperurikämie 5
Hypoglykämie 121

I

Immobilisation, Dekubitus 132
Immunsystem 94 f
- Bestandteile 95
Impairment 19
Individuumsebene 12 f
Infekt, bronchopulmonaler 131
Infektionskrankheit 3 ff
Information über die Rehabilitation 47 f
Informationsdienst 47
Inkontinenz s. Harninkontinenz; s. Stuhlinkontinenz
Insuffizienz, chronisch-venöse 117
Insulinrezeptor 88
Insult, zerebraler 117
Integration behinderter Schüler 25
- - - Argumentation 25 f
Intelligenz, fluide 82
- kristalline 82
- multidimensionale 81
Internat, Blinder 57
Ischämie, zerebrale 119
Ischialgiesyndrom 124
Isolierung, soziale 28

J

Jugendlicher, behinderter, Ausbildung 61 f
- psychisch behinderter 70

K

KAP-Formel 6
Kaschieren 29
Kausalität 2
Kausalprinzip 37
Klasse 13
Klinik-Sozialdienst 53
Kneipp 4
Knochen 89 ff
- alter 90
- - Mineralisationsgrad 90
- kortikaler 89
- spongiöser 89
- trabekulärer 89
- veränderte Zellpopulation 90
Knochenarchitektur, Veränderung 91
Knochendichte, verringerte 89
Knochengewebe 89
Knochenkollagen 92
Knochenmasse, Veränderung im Lauf des Lebens 91
Kommunikation 154
Konstitution, psychische, Veränderung 96
Körperbehinderter, Schule 58

Körperbewußtsein 8
– differenziertes 9
Körperwahrnehmung 8
Kostenträger 39 f
– Beratungsstellen 47
– mehrere 43
– Zuständigkeit 40 ff
Koxarthrose 124
Kraft 100
– maximale dynamische 100
Kraftübung, isokinetische 100
Krankenhaus, Leistungsfähigkeit 51 f
Krankenrolle, passive 48
Krankheit, akute, alterstypische Komplikation 129 ff
– chronische, alterstypische Komplikation 129 ff
– Vermeidung 24
Krankheitsbild, neues 5
Kündigungsschutz, Schwerbehinderter 32
Kur 52
Kurzzeitpflege 54

L

Leben, negativer Einfluß 104
– positiver Einfluß 103
Lebensereignis 21
Lebenskraftkonzept, biodynamisches 3
Lebensreformbewegung, volksbildnerische 3
Leber 93 f
Leberwerte 94
Leistungsfähigkeit, Alter 97
– muskuläre 98
Lernbehinderter, Schule 57 f
Lerngruppe 13
Lumbalsyndrom 124
Lunge 84 ff
– gesunde 85
– Noxen 85
Lungenembolie 130 f
Lungenfunktion, Alter 86
Lymphozyten 95

M

Mann, Osteoporose 125
Massage 157
Masseur 157
Matrixmaterial, Veränderung 91 f
Menopause 90
– Knochenmasse 90
Mensch, alter (s. auch Alter), Atmung 145
– – gesunder 102 ff
– – – physiotherapeutische Betreuung 104 ff
– – – Sport 105
– – – Trainingsprogramm 105
– – kranker 112 ff, 144 ff, 151
– – – Behandlungsdauer 149
– – – Behandlungserfolg 149
– – – Behandlungsintensität 149
– – – Charakteristika 144 f
– – – Gespräch 151
– – – Motivation 151
– – – Therapie 151
– – – Therapiezielsetzung 149 f
– – – Übungsvermittlung 147
– – physiotherapeutische Gruppenarbeit 107 f
Mikroangiopathie 121
Milz 93 f
– Entnahme 94
Morbus Alzheimer 143 f
Motivation, fehlende, Alter 103
Multimorbidität 150
Muskelfaser 87

N

Nachteilsausgleich 26, 34
Nachtklinik 53
Nervensystem, zentrales 78
Neurit 78
Neuron 78
Neurotransmitter, Synthese 81
– – Alter 81
Niere 93 f
Normalität, Abweichung 70
– Anspruch 24 f

O

Obstipation 138
Orientierung, Rehabilitation 22 ff
Osteopenie 89
Osteoporose 89, 125 f
- primäre 125
- sekundäre 125
Oszillationsmodell der Gesundheit 8

P

Parkinson-Krankheit 126 ff
Parkinson-Syndrom, idiopathisches 127
Patient, bettlägeriger 131
Pausenhof 14
Persönlichkeitsveränderung 142
Pflege, Sicherung 53 f
- Vermeidung 46
Pflegebedarf, Altersgruppen 45
- Frauen 44
- Privathaushalt 46
- ständiger 46
Pflegedienst, privater 50
Pflegeheim 53 f
Pflegeperson, Belastung 45 f
Pflegetätigkeit, Frauen 44
Pflegeversicherung und Rehabilitation 44 ff
Pflichtquote 33
Phase-Zwei-Einrichtung 55
Phlebothrombose 146
Physiotherapie, aktive 157
- passive 157
Plastizität, neuronale 79
Prävention 1 ff
- Aufgabe 6
- Maßnahmen 24
- primäre 5
- sekundäre 5
Prinzip der Oszillation 8
Privathaushalt, Pflegebedarf 46
Prostatahypertrophie 137
Prozeßqualität 14
Psychischer Prozeß 28 ff
Psychosyndrom, hirnorganisches 142

Q

Qualitätsanforderung, Umsetzung 16
Qualitätssicherung 14

R

Rauchen 115
Rehabilitation 17 ff
- Art 21
- berufliche 17, 55
- - Behinderter 59 f
- - Erfolgskriterien 68
- berufsfördernde Leistung 42
- Dauer 21
- Definition 19 f
- Einrichtung zu ihrer Durchführung 48
- ergänzende Leistungen 42 f
- Information 47 f
- Leistungen zur allgemeinen sozialen Eingliederung 42
- Leistungsspektrum 42 f
- Maßstäbe 17
- medizinische 48
- - Leistung 42
- Orientierung 22 ff
- vor Pflege 46
- schulische 17, 55 f
- - Kinder 59
- soziale 70
- Spannbreite 18
- Standard 48
- stationäre medizinische 51 f
- Teilnehmer, finanzielle Absicherung 67
- Typ I 20
- - Kausalprinzip 37
- - Ziele 21 f
- Typ II 20
- - Pflegeversicherung 46 f
- - Ziele 22
- Weiterentwicklung 69 ff, 73 ff
- Ziele 17, 20 ff
Rehabilitationsangleichungsgesetz 37
Rehabilitationseinrichtung, Auslastung 51

– Personal 52
Rehabilitationserfolg 49, 67
– verbesserter 73
Rehabilitations-Gesamtplan 43
Rehabilitationshilfe, technische 23
– – Ablehnung 31
– – Beratungszentren 47
Rehabilitationsklinik 52
Rehabilitationskriterien 67 f
Rehabilitationsleiden bei Rehabilitationsmaßnahmen, Ursachen 36
Rehabilitationsmaßnahme nach Krankheiten 35
Rehabilitationsteam, Zusammensetzung 43
Risikofaktor, selbstverschuldeter 7
Risikofaktorenkonzept 7 ff
– Stufen 7
Risikoverhalten 5
Rückenschmerzen 12
Rückenschule 12 f
– Kinder 12
Ruheangina 113

S

Sauerstoffaufnahme, maximale, altersabhängige Veränderung 98 ff
Schlafdauer 135
– Alter 135
– erhöhte 135
Schlafqualität 135
Schlafstörung 134 f
Schlafzyklus 134
Schlaganfall 5, 117 f
Schlaganfallpatient 73
Schnelligkeitsausdauer 101
Schockzustand, diabetischer 121
Schule 13
– Behinderter 55
– Blinder 56
– Gehörloser 57
– geistig Behinderter 57 f
– Körperbehinderter 58
– Lernbehinderter 57 f
– Schwerhöriger 57
– Sehbehinderter 56
– Sprachbehinderter 58
– Verhaltensgestörter 58
Schulmöbel, rückengerechtes 13
Schulträger 13 f
Schwerbehindertenausweis 26
– Kennzeichen 34
Schwerbehindertengesetz 32
– Maßnahmen 33
Schwerbehinderter, anerkannter 32
– Arbeitsplatz 60 f
– arbeitsuchender 26
Schwerbehinderung und Rehabilitation 32 ff
Schwerhöriger, Normalschule 57
– Schule 57
Schwindel 139 f
Schwindelanfall 134
Sehbehinderter, Schule 56
Selbsthilfeeinrichtung 65
– beruflicher Wiedereinstieg 67
Selbsthilfegruppe 65 ff
Senior, trainierter, Sportart 105 f
Seuchenbekämpfung 3
Signal, körperlich erlebbares 9
Skelettmuskulatur 87 f
Sonderkindergarten 59
Sondermaßnahmen für Behinderte 27
Sonderschule 25, 56, 59
Sozialstation 50 f
Sozialversicherung, Art und Umfang von Leistungen 34 ff
Sozialversicherungsträger, Information 47
Spiel 107
Sport, gesunder alter Mensch 105 f
Sportart, trainierter Senior 105 f
Sportförderunterricht 12
Sprachbehinderter, Schule 58 f
– Sonderschule 59
ST-Faser 87
Strukturqualität 14
Stuhlinkontinenz 136
Stützsystem, physiotherapeutische Arbeit 146
System, dopaminerges 81

T

Tagesklinik 53
Tagespflegeeinrichtung 54
Tanz 106
Team, therapeutisches 157
Teamgedanke 43
Temperies 2
Theorie der Gesundheit 2
Therapie, physikalische 157 f
– stationäre 158
Therapiebecken 108
Thrombose 129 f
Thrombus, roter 130
Thymus 94
Tinnitus 139 f
Training, kognitives 147, 150
Trainingshypertrophie, volumenbedingte 84
Transmittersystem 79
Typ-I-Diabetes 120
Typ-II-Diabetes 120
T-Zellen 96

U

Übungsgerät, alter Mensch 108
Übungsvermittlung, alter Mensch 147
Umgang, egozentrischer 30
Umorientierung, berufliche 60
Unfall, Vermeidung 24
Ursache-Wirkungs-Verhältnis 2

V

Venenentzündung, oberflächliche 117
Venenerkrankung 116 f
Verbergen 29
Verhaltensgestörter, Schule 58
Verleugnen 29
Verschlußkrankheit, periphere arterielle 115 f
– – – Einteilung 116
Verstimmung, depressive, Alter 103
Volkshochschule, Gesundheitsförderung 15
Volkshygiene 3
Vorsorgeeinrichtung, Auslastung 51
– Personal 52
Vorsorgeuntersuchung 49

W

Weltgesundheitsorganisation 4
Werkstätten, Behinderter 64 f
– – Arbeitstraining 64
WHO s. Weltgesundheitsorganisation
Wipfeldürre 83
Wohlbefinden 8
Wohnen, betreutes 54
Wundliegen s. Dekubitus

Z

Zahnradphänomen 128
Zelle, immunkompetente 94
Zellfortsatz 78
Zellkörper 78
Zellzahl, Abnahme 80
Zivilisationskrankheit 5